站在巨人的肩上
Standing on the Shoulders of Giants

U0320455

站在巨人的肩上

Standing on the Shoulders of Giants

Le Temps des Algorithmes

算法小时代

从数学到生活的历变

[法] 瑟格·阿比特博　吉尔·多维克 —— 著　　任轶 —— 译

人民邮电出版社

北　京

图书在版编目（CIP）数据

算法小时代：从数学到生活的历变 /（法）瑟格·阿比特博，（法）吉尔·多维克著；任轶译. --北京：人民邮电出版社，2017.10（2018.10重印）
（图灵新知）
ISBN 978-7-115-46934-2

Ⅰ.①算… Ⅱ.①瑟… ②吉… ③任… Ⅲ.①算法—研究 Ⅳ.①O24

中国版本图书馆CIP数据核字（2017）第235910号

内 容 提 要

算法与人工智能是当下最热门的话题之一，技术大发展的同时也引发了令人忧心的技术和社会问题。本书生动介绍了算法的数学原理和性质，描述了算法最单纯、最本质的功能，分析了算法和人工智能对人类社会现状及未来发展的影响力及其成因。

◆ 著　　　　[法]瑟格·阿比特博　吉尔·多维克
　　译　　　　任　轶
　　责任编辑　戴　童
　　责任印制　彭志环

◆ 人民邮电出版社出版发行　　北京市丰台区成寿寺路11号
　　邮编　100164　　电子邮件　315@ptpress.com.cn
　　网址　http://www.ptpress.com.cn
　　北京隆昌伟业印刷有限公司印刷

◆ 开本：787×1092　1/32
　　印张：6.25
　　字数：95千字　　　　　　　　　2017年10月第1版
　　印数：4 001 – 4 400 册　　　　　2018年10月北京第3次印刷
　　著作权合同登记号　图字：01-2017-4702号

定价：39.00元
读者服务热线：(010)51095186转600　印装质量热线：(010)81055316
反盗版热线：(010)81055315
广告经营许可证：京东工商广登字20170147号

版权声明

致　谢

感谢贝特朗·布伦瑞克、洛朗·弗里堡、苏菲·加梅尔曼、弗洛伦斯·哈克滋–勒华、玛丽·荣格、格扎维埃·德拉波特、米歇尔·毕奇以及米歇尔·沃尔，谢谢他们对本书第一版提出的中肯建议。

同时还要感谢让–皮埃尔·阿尔尚博、热拉尔·贝瑞、莫里斯·尼瓦及其他一些朋友，谢谢他们经常对书中提及的主题内容进行热烈的讨论。

前　言

算法，令人沉醉，令人忧

算法，已经成为我们工作、社交、医疗、工业、运输、贸易等活动中的重要组成部分。各种算法正改变着自然科学和人文科学，帮助我们丰富知识。算法让技术不断突破"不可能"的极限。

有一些算法，例如手机操作系统、数据库管理系统或搜索引擎，都极其庞大，成千上万的人对此做出了贡献。有时候，人们会把算法比作大教堂，因为它们包含着同样强烈的野心与疯狂。

随着算法的诞生，智人似乎终于制造出了一种可以实现一切愿望的工具。

但是，算法也令人担忧：某些制造业消失了，归根结底是算法摧毁了这些职业；保险公司应赔偿事故中的受害者，然而一个"冷酷无情"的算法降低了赔偿金额；股市暴跌，算法是这场灾难的操盘手；法律限制公民自由，政府用算法监视我们；在国际象棋或围棋大赛上，算法击败了人类，机器很快将凌驾于我们之上。

我们为什么要指责是算法带来了这些磨难？就因为算法打乱了我们原本的习惯？或许吧。但还有另一个原因：人们经常使用算法，却不了解它们的本质是什么，又是如何运作的。人们的种种幻想和担忧正是无知的结果。我们畏惧算法，是因为觉得它们神秘莫测，具有超自然的力量，甚至拥有邪恶的意图。

为了摆脱这种不可思议的想法，从幼稚的幻想中分析出一点合理的期望，摆脱毫无根据的畏惧，让担忧变得有理有据，我们邀请读者一起在算法的世界里旅行。在这段旅程中，我们会遇到如今这个算法当道的时代所面临的一些主要问题，如工作方式的改变、产业的消失、隐私保护，等等。

成也算法，败也算法。但我们绝不该忘记，算法自身是没有任何企图的。它们由人类设计，我们希望算法是什么样的，它们就会以什么样的姿态呈现。

目　录

"你好，机器人，请给我解释一下什么是算法。"

"好的。但与此同时，我还会告诉你算法、计算机和程序之间的联系。"

"我知道。当我们找到一种算法时，需要将它写成程序的形式，而我们对计算机的要求也不只是单纯地为我们工作。"

"完全正确。"

"有了算法，一切皆有可能吗?"

"并非如此……但是，无限的可能或许就是算法极具魅力的原因吧。"

什么是算法？

　　想理解什么是算法，我们要先设想一个场景。几千年前，一位祖先凭着他对已故祖母如何做面包的记忆，尝试自己做面包。但是，他真的不知道该怎么做。他犹豫着，一开始先将麦仁放入沸水中，然后对自己说，这也许是个糟糕的想法。这位祖先的困境，正是我们都会面临的情况——遇到某一个问题，却又不知道该如何解决。我们想着解决方法，去尝试，反复探索实验，顺便有了一点点意外发现，直至成功……或者失败。

　　然而，真正的面包师并不是这样做的。他们不会给每炉面包都重制一个烘焙食谱，因为他们已经掌握并牢记了面包的烘焙方法。多亏了面包食谱，面包师可以每天给我们提供面包。事实上，人类文明的发展不仅源于有些人的发明创造，也因为另有人"复制"了这些发明，才使其得以改进。

　　但是，我们忘却了面包食谱的宝贵之处。首先，食谱降低了不确定性：多亏了它，面包师知道，除非突遭一场灾难，否则面包将会在晚餐时准备好。有了这个食谱，不需要什么想象力或是天赋，任何人都可以做面包。就拿两位作者来说，我们对面包烘焙没有任何天赋，但仍可以从网页上找到恰巴提的食谱，运用适当的和面力度，借助更富有想象力和才华的面包师们写下的方法，做出面包。最终，这个食谱成为了人类遗产中的一部分，在几千年的历史长河中，代代相传。

食谱就是一个算法，我们就此有了"算法"概念的初步定义：一个算法是解决一个问题的进程。我们并不需要每次都发明一个解决方案。

从这个定义不难看出，自人类历史初期，我们就一直在发明、使用和传播着各种各样的"算法"，用来烹饪、雕琢石器、钓鱼、种植扁豆及小麦，等等。

进程和符号

有些算法与面包食谱不同，它们能解决书写符号的问题，例如数字、字母等。算法汇集在一起，形成蕴含不同含义的数目、词语、句子及文本。

例如，二分查找算法的用途是在字典中搜索某个特定词。二分查找法从字典中间开始查找，对比目标词与中间词的位置，根据目标词位于中间词的前或后，来选择字典的前半部分或后半部分作为新字典，然后再用二分查找法继续查找，以此类推，直到找到目标词为止。这一算法解决涉及一种书写符号——字母的问题。还有一些算法可以实现加法、减法等，解决涉及另一种书写符号——数字的问题。这类算法被称为"符号算法"。

计算机科学家往往将"算法"一词的含义限定为此类"符号算法"。考虑到这种限制，自然，我们就不能将算法的历史追溯到文字发明之前了。然而，广义上的算法概念其实与文字同样古老。从迄今人类所发现的最古老的书面踪迹表明，古代书吏已经开始使用算法了，例如用于记账的加法和乘法。文字可能就是因此而发明的。

算法和数学

数学家们从很早便开始关注算法的设计了。比如，大约公元前 300 年的欧几里得算法可以计算两个整数的最大公约数。我们简单说明一下。读者若是在攀登数学高峰时感到吃力，大可以直接跳过这一段，或把以下内容当作一首深奥的诗，尽量去理解。

一般来说，一个算法会在输入端接收数据，这些数据构成了算法的参数。在欧几里得算法中，输入数据就是两个不为零的整数，设为 a 和 b，且 a 大于 b，例如 a 等于 471，b 等于 90。通常，算法会在输出端返回另一些数据。在欧几里得算法中，输出数据是一个整数，即 a 和 b 的最大公约数。

将欧几里得算法应用在整数 471 和 90 上，即有：

用 90 和 21 替代 471 和 90，

然后用 21 和 6 替代，

接着用 6 和 3 替代，

再用 3 替代，这时 3 即为所求。

在上述例子中，算法的每一步都需要计算 a 除以 b 的余数 r，随后用被除数 b 替代除数 a，余数 r 替代被除数 b。因此，由 $471 = 5 \times 90 + 21$ 可知，471 除以 90 的余数为 21。在第一步中，第一个数 471 被 90 替代，而第二个数 90 则被余数 21 替代，以此类推。但有一个例外：当余数为 0

时，就停止计算，且数 b 即为最终结果。这种情况出现在上述例子中的最后一步：我们用 6 除以 3，余数为 0，那么 3 即为所求。

算法也是中世纪西方数学家所关注的核心问题。数学家们引进了印度 – 阿拉伯数字，以及与这种数字系统配套的算法。其中一本著作是通晓阿拉伯语的波斯数学家穆罕默德·穆萨·花拉子米在 9 世纪撰写的《印度计算法》（*Algoritmi de numero indorum*）一书。"花拉子米"（al-Khuwārizmī）一名源自作者的出生地花剌子模地区，今属乌兹别克斯坦。有文献证明，自 1230 年起，花拉子米这个名字就成了"算法"（algorithm）一词的来源。

用语言来表达

算法会自然而然地运用到与数学有关的对象上。其实，人类的一切活动中都有算法的身影，算法概念涉及方方面面。但我们要先解决一个关键问题：如何描述算法？

假设我们想从巴纽火车站到达位于卡尚镇的巴黎萨克雷高等师范学院。几十个学生和教师每天早上都走同一条道路：首先沿着杜邦皇家大道走，接着是布里昂城堡大道。在不知不觉中，他们可能就用到了算法——一种从火车站到校园的程序。

谷歌地图提供了这个算法的图形形式：

同时也有一个文本形式：

↑ 1. 取阿里斯蒂德·白里安大道 /D920 向南方向，朝杜邦皇家大道
———————————————————————— 27 m

↰ 2. 杜邦皇家大道左转
———————————————————————— 260 m

↱ 3. 右转，朝着布里昂城堡大道
———————————————————————— 7 m

↱ 4. 布里昂城堡大道右转
　　ⓘ 穿过环岛
———————————————————————— 450 m

↰ 5. 左转
　　ⓘ 前方右侧到达目的地
———————————————————————— 33 m

如果我们给一个大学生解释这个算法，用一个简明扼要的方式就能表达清楚，但如果要给一个小孩子解释，就

需要更详尽的细节。因此，讲解算法的方式是一个社会学问题，取决于谈话对象和谈话对象拥有的常识水平。

同样，欧几里得算法也可以用文字形式表达：

计算 a 除以 b 的余数 r，

当 r 不为 0 时，

用 b 替代 a，

用 r 替代 b，

继续计算 a 除以 b 的余数 r，

当余数 r 为 0 时，b 即为所求。

维基百科又提供了一种图形表达式：

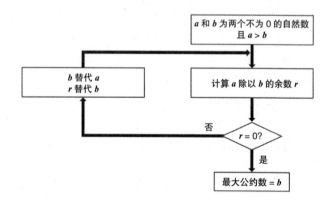

所以，一种算法可以有不同的语言表达形式。然而，有一种表达形式不依赖于语言。一名学生没睡醒就去了校园，走起路来晃晃荡荡，就像在梦游，他运行的这个随机算法没有任何语言表述。还有一个例子能更好地说明这一令人困惑的现象。蚂蚁寻找食物时，使用了非常复杂的算法，在空间里进行定向。侦察蚁开始随机浏览蚁穴四周。当其中一只蚂蚁发现食物的时候，便会在返回自己蚁群的一路上留下跟踪信息素。受到跟踪信息素的指引，其他路过此区域的蚂蚁会沿着这条路径前行。当蚂蚁带着食物返回蚁穴时，也会一路留下自己的跟踪信息素，以增强轨迹信息。

如果有两条路径都能到达同一个食物源，那么在同一时间内，沿最短路径行走的蚂蚁往返蚁穴与食物之间的次数将比沿着长路径走的蚂蚁更多。于是，前者也会留下更多的跟踪信息素。这时，最短路径的信息将会更强，也越来越具有吸引力。跟踪信息素是有挥发性的，如此一来，被冷落的最长路径最终会消失。

蚁群利用一个复杂的算法确定了最短路径。早在蚁学家用语言记下这种现象之前，蚂蚁就很好地运用了这个进程。

确切地说，人与蚂蚁之间的区别在于，我们会尝试用语言表达、存储、传输、理解和改进算法。然而，我们有时也会用到不知该如何用语言表达的算法。比如，我们很容易就能辨认出猫和狗，却难以解释是如何做到的：是计算腿和耳朵的数量呢？还是观察头的形状或毛发的纹理呢？

我们的大脑和身体会用很多算法来思考、运动、做事，但不管是符号算法，还是其他算法，我们并不总知道如何解释。

指令序列之外

从巴纽火车站到高等师范学院的算法可以表示成一个包含四个基本动作的逻辑序列："取道东南方，向上朝着兰斯街的杜邦皇家大道""然后……""接着……""再然后……"。欧几里得算法表达式中也出现了一些基本指令，比如赋值："用 b 替代 a"。此外还有将这些指令封装成逻辑序列的句法结构，比如"这样做，然后那样做"，以及循环体，比如"当某条件为真时，重复此操作"。我们还可以添加条件测试语句："如果此条件为真，那么这样做。"

这种方式听起来有点不寻常。事实上，只要很少的句法结构，就足以表达所有的符号算法，例如上述四个句法结构：赋值、逻辑序列、循环体、条件测试语句。算法的宝贵之处并不在于其组成有多么复杂，而恰恰在于这种将几个简单成分封装在一起的方式。

这就好比化学分子：数十亿个化学分子组成了我们所熟知的几十种化学元素；而这些化学元素本身仅由三种基本粒子——质子、中子和电子组成。

然而，尽管构建算法的基本元素在理论上非常充足，人们却很少从头开始构建算法：算法往往由其他一些已知的算法构成。例如，我们用算法描述了从巴纽地铁快线站到高等师范学院的路线。如果我们现在想从卢森堡公园到达校园的话，那么一个简单的算法就是：先乘坐地铁快线从卢森堡站到巴纽站，然后再运用先前的算法——这个算法被看成是一个整体。此时，一个全新的算法就这样形成了。我们并不清楚先前算法的细节，而是把它视为一个新的基本指令。

算法和数据

能够解决符号信息问题的算法，更注重这些符号信息的呈现方式。例如，为了更好地执行加减乘除运算的算法，用阿拉伯数字形式的算式 123 × 456，比写成罗马数字的算式 CXXIII × CDLVI 更好。同样，在字典中查找单词，用字母表查找比用象形文字查找更简单。

寻找从一个点到另一个点路径的算法，同样在意数据的表达形式。如果某个城市的地图像照片一样，一个像素接一个像素地被给出，那就很难找到想要的路径。最好可以用综合的方法去描述，比如整合各个十字路口，通过连接街道，赋予每一段路一个长度。这样一来，与其费力地从一个像素移动到另一个像素，不如从一个十字路口跳到另一个十字路口的算法来得轻巧。

算法的方法

已知的算法有很多，例如"分治法""枚举测试法""贪心算法""随机算法"等。

"分治法"是把一个复杂的问题拆分成两个较为简单的

子问题，进而两个子问题又可以分别拆分成另外两个更简单的子问题，以此类推。问题不断被层层拆解。然后，子问题的解被逐层整合，构成了原问题的解。高德纳曾用过一个邮局分发信件的例子对"分治法"进行了解释：信件根据不同城市区域被分进不同的袋子里；每个邮递员负责投递一个区域的信件，对应每栋楼，将自己负责的信件分装进更小的袋子；每个大楼管理员再将小袋子里的信件分发给对应的公寓。

■ 高德纳

高德纳（又译唐纳德·克努斯）生于 1938 年，是著名的计算机科学家，也是现代算法的先驱之一。他的系列巨著《计算机程序设计艺术》在计算机科学界享誉多年。

多年前，高德纳对现有的数学文本处理工具感到不满，于是创建了自己的工具 TeX 和 Metafont。如今，这两个工具成为广泛应用的免费软件。

很多著名的算法都以他的姓氏命名，如克努斯－莫里斯－普拉特算法、罗宾逊－申恩－克努斯算法、克努斯－本迪克斯算法。

"枚举测试法"列举出待解决问题的所有可能解,然后逐一进行检验,最后从中找出符合要求的解。举个例子,一位旅行推销员必须依次访问几个不同城市拜访客户,他通常会寻找几个城市之间的最短回路,来安排自己的旅程。寻找最短回路的算法旨在计算所有可能的回路。例如有 10 个客户,依次拜访 10 个客户共有 3 628 800 种回路组合方式,分别计算每种组合方式的回路长度,然后选择最短的那条。

当枚举测试法所需的计算量太大时,使用"贪心算法"能够找到一个合理的解决方案,使问题结果最优化。比如,当旅行推销员有 20 位客户要访问时,用枚举测试法可能需要测试超过 2 兆条可能的路线。与其这样一个个枚举,不如就地运行另一个算法:推销员每次都从当前所在城市选择去往距离自己最近的下一个城市,以此类推。这个算法会选择当前最短距离作为计算的公里数,而且,永不退回到曾经选择过的路线上。一般来说,贪心算法找到的解决方案可能不是最好的,但却是"合理的"。

我们之前见过一个使用"随机算法"的例子:为了找到食物,侦察蚁从随机浏览蚁穴四周开始。同样,许多其他算法也用到了随机源。比如，"蒙特卡洛算法"能确定正方形内一个复杂图形的面积：在正方形中随机抽取一个点，就像扔飞镖一样，飞镖落在哪个点就取哪个点；大数定律告诉我们，这些点落入复杂图形内的频率接近于复杂图形面积和正方形面积之比。

机器学习

我们要讨论到的最后一个方法是"学习程序"。学习做面包、在字典中查找单词，人类对此习以为常。但很多人可能想不到，算法也可以学习。就像面包师每天能从自己的工作中学习、提高一样，算法也可以从重复相同的任务中学习、进步。

音乐、视频、图书分享平台上使用的"推荐算法"就是一种会学习的算法。系统程序会向用户推荐："如果你喜欢《亚瑟王》，那你应当也喜欢《彼得·格里姆斯》。"提出这样的推荐，系统并不是基于亨利·珀塞尔和本杰明·布里顿之间的联系[1]。简单地说，系统的判断是基于

---

[1] 亨利·珀塞尔和本杰明·布里顿分别为歌剧《亚瑟王》和《彼得·格里姆斯》的作曲家，布里顿的作曲风格深受珀塞尔的影响。——译者注

对之前用户的听歌记录的分析：事实上，那些听过《亚瑟王》的用户之中，确实有很多人也听了《彼得·格里姆斯》；或者，算法尝试寻找一些我们可能并不认识，但品味却与我们接近的用户。在这两种情况下，算法学习、发现、统计了歌曲之间或者用户之间的相似性。从这样的学习程序出发，算法可以预测用户可能喜欢什么样的音乐，并因此会忍不住收听或者购买其他哪些作品。

这些会学习的算法有助于我们重新审视自身的学习方式。推荐算法既没有认识到珀塞尔和布里顿之间的联系，也不需要拥有任何专业的音乐史知识。它只是对用户的选择进行观察，并从所见所闻中学习。事实上，这与一个孩子学习母语的过程没什么两样——从观察周围说话的人开始，然后用大量时间去模仿，不需要理解语法、动词变位和动宾搭配的问题。一个小孩知道应该说"我去学校"，而不是说"我走学校"，却无法解释为什么。正如推荐算法会向用户推荐本杰明·布里顿，却不能解释为什么用户可能喜欢这个作曲家。

有些学习程序的问题很难解决。假如我们要识别物体，如一只狗、一只猫、一张桌子，等等。在一张图像中，数据以像素的形式呈现，通过统计分析图像中的黑色或者蓝色像素点，很难区分这是一只狗还是一张桌子。这时，必须使用更复杂的学习算法——深度学习算法。深度学习算法首先尝试从图像中找到直线、圆、爪子、腿、桌脚……然后再寻找越来越复杂的物体对象。算法同样也是逐步建立越来越抽象的图像表达，最终找到被识别的物体。难点是，算法如何知道需要识别哪一种元素？是爪子、腿，还是桌脚？没关系，算法会通过自身的经验进行学习。例如，深度学习算法可以让下围棋的程序取得巨大进步，打败最优秀的人类围棋选手。

算法、计算机和程序

从早期文字出现开始，人类使用符号算法至今已有五千年的历史了。那么，符号算法这个概念为何会突然闯入当今公众的热议中？为了弄清原因，除了算法，我们还应该关注其他一些事物——计算机和程序。

计算机在人类世界中占据的位置引发了越来越多的恐惧和幻想。焦点主要在"计算机"和"机器人"这两个词上，直到最近，人们才把目光转移到"算法"一词上来。人们害怕的，不再是计算机科学或计算机，其实，令人生畏的是这些东西所拥有的"自主意识"。

计算机算法

前面已经说过，使用算法的主要好处在于，我们可以让它们不假思索地执行命令。人类一旦学会了在字典中查找单词、做加法运算、计算两个数的最大公约数、根据医学临床检查结果诊断病情，执行这样的任务时就不再需要太多的想象力和才能——只需运用学过的"算法"。这样一来，我们能够利用自己的想象力和才能去做一些其他的事情，如发明新的算法。

在字典中查找单词、两数相加，这些任务都可以"机械式"地执行。用机器代替人类去执行这些任务，听起来离实现梦想仅有一步之遥，但人类却花了五千年去跨越这一步。

第一台机器可以追溯到古代，比如亚历山大港的希罗发明的蒸汽机是对水进行操作的，并不用于做加法运算和乘法运算。而算法和机器则一直属于不同的文化领域：当美索不达米亚的书吏提出了第一个用于加法和乘法运算的算法时，这些计算是通过人工而不是机器完成的。

早期的机器

为了让机器执行符号算法，人类花费了很长时间来开发必要的技术。算盘和一些计算图表能帮助人们执行算法，但它们不会独自进行计算，所以不可能被看成"机器"。因此，早期有能力运行符号算法的机器恐怕只有教堂里的钟了。教堂时钟的出现可以追溯到中世纪末期。就拿法国的第戎教堂来说，每隔一小时，教堂的钟就会自动敲响；再比如，斯特拉斯堡大教堂的时钟上有座圣母雕像，在雕像前，每个小时都会出现《圣经》中东方三贤士前来朝拜的场景，钟楼上的风信鸡也会拍打翅膀。同时，这个时钟计算着行星移动的位置，显示非固定节日的日期。

到了 17 世纪，继大教堂时钟之后，契克卡德和帕斯卡等人陆续发明了用于计算的机器。这些机器只能执行加减运算，精致的机械常常会卡住。紧接着，莱布尼茨发明了可以运行乘法和除法的机器。到了 18 世纪，沃康松发明了机器人。19 世纪，雅卡尔和福尔肯发明了提花织布机。此后，何乐礼发明了打孔卡片制表机。到了 20 世纪，在第二次世界大战爆发前夕，出现了恩尼格玛密码机（Enigma）和莱布尼茨密码机，轴心国军队用来加密和解密情报。此后，英国人制造了"炸弹"密码破译机（Bombe）和"巨人"计算机（Colossus），专门用来破译恩尼格玛和莱布尼茨这两台密码机的编码；也就是说，破译机在不知道密钥的情况下解密情报。

但是，这些机器都算不上是真正的计算机，即使它们已经有了计算机的一些属性，但仍然缺乏一个要素——通用性。与只有单一功能的电动剃须刀和电动绞肉机不同，计算机是一台多功能的机器。此外，计算机应当是一种通用机，不仅能执行某几种算法，而且还应能执行所有可能的符号算法。实际上，它是一台"万能机"。而在之前提到的机器中，没有一种具有这种通用性。

19世纪，阿达·洛芙莱斯和查尔斯·巴贝奇在工作中提出了通用性的概念。但直至20世纪30年代，经过阿兰·图灵和阿隆佐·邱奇的努力，这个概念才真正被理解。而仅过了10年，即在20世纪40年代，人类就制造出了第一台通用机。这就是早期的计算机。

很难说，究竟哪一台才算是第一台通用机。诞生于柏林的Z3计算机，诞生于美国费城的电子数字积分计算机（ENIAC），此外还有诞生于曼彻斯特的小型试验机Baby，在20世纪40年代，这三台计算机都宣称自己是历史上第一台计算机。

正是凭借这种通用性，如今计算机才能无处不在。在公司里，计算机帮助我们进行财务核算；在家里，它让我们享受音乐、保存旅行照片；开车时，它引导我们顺利通过错综复杂的单行道。

但是，通用性也导致各种事物之间的界限变得模糊——现在，已经没有真正意义上的电话、照相机、手表或者音乐播放器，所有功能都被同一个事物代替，一种可以随身携带的"掌上电脑"，有人称之为"手机"，有人称之为"移动电话"，只是说法稍有不同。

在制造出第一台计算机后不久，人们将计算机投入到网络中，也就是说，将这些相互独立的计算机联系起来，建立越来越复杂的信息系统。到了 20 世纪末，计算机已经成为每个家庭都负担得起的商品。

当算法时代来临的时候，保险公司采用了一种"冷酷无情的算法"，计算支付给事故受害者的赔偿金。于是，一些人抱怨世界变得不人道了。他们不但指责计算赔偿金总额的方法，还指责负责计算的机器——计算机。算法和计算机是相辅相成的，不能分割。

因此，我们今天所看到的世界的根本性转变，并不完全源于五千年前算法的发明，还源于执行算法的机器的诞生，源于计算机所引发的科学技术与信息技术的大发展。

机器语言

为了使用通用机，我们需要向它指出，希望它在特定语言下运行何种算法。这种特定的语言被称为"编程语言"。在这种语言描述下所做的算法即为"计算机程序"，或简称为"程序"。接下来，我们以一个用 Java 语言编写的程序作为例子，这个程序表示了欧几里得算法：

```
r = a % b ;
while (r != 0) {
    a = b ;
    b = r ;
    r = a % b ;
}
```

程序通常比算法表达式包含了更多的信息，因为程序需要明确许多细节：用于计算最大公约数的两个数值要由用户确定；要明确这两个数需要由键盘键入，还是从文件中读取；计算求得的结果需要在屏幕上显示，还是写入另一个文件中；程序需不需要用到他人编写的库；数据要以怎样的方式表示，等等。

数字化信息

计算机仅在符号数据上执行算法。然而众所周知，计算机还可以存储、传输数据，转换图像、声音、视频。这里并没有格式符号。那么，计算机是怎么做到的呢？

例如，计算机以序列符号的形式表示图像，这通常最接近图像的原始状态。为了用一系列符号表示一张图像，可以将图像分割成有限数量的矩形，这些单个的矩形被称为"像素"。将每个像素简化成一个单颜色的像素，就构成了一级近似。假如取一组有限数量的颜色，并将其中的每种颜色对应一个像素，这就构成了二级近似。通常，一张照片包含了几百万像素，每个像素相当于从一个包含1600万种颜色的调色盘中选择一种，作为照片的颜色。有了这些颜色值，我们的眼睛就无法分辨这是一张没有被像素化的真实图像，还是一张以符号形式表示的图像。有时候，人们能察觉到这是一张被像素化的图像，那是因为这张图没有被足够的像素点去填充。每个像素的颜色由一个24位的序列表示。因此，一张1000万像素的图像可以表达成一个 2.4 亿位的序列，即 30 兆字节。

一台数码相机将实际图像转换成摄影师在取景器中看到的用符号形式表示的图像。这种图像可以被存储、传输、转换。这类设备能对图像执行复杂的算法。有些算法可以在模拟图像，即没有被像素化的图像上被实现，但是，另一些算法实现起来就太复杂了。

■ 比特、字节、拍字节 ——————

衡量信息量的基本单位为"比特"，又称"位"。一个消息中所包含的信息是以二进制的形式表示的，如 0 和 1。因此，只用 1 比特就足以解释"白天"或者"夜晚"，用 3 比特就可以组成 8 种不同的消息：000、001、010、011、100、101、110、111。于是，3 比特足以表示星期，例如，000 代表"星期一"，001 代表"星期二"……110 代表"星期天"。

由于历史原因，人们经常会使用导出单位。"字节"就是一种导出单位，1 个字节等于 8 比特。凭借这短短的 8 比特，我们可以表示 256 种不同的消息，由此足以代表字母表里的任一一个字母，甚至包括字母大小写、法语中带重音符号的元音、数字、标点符号等 100 多个字符。

1000 个字节组成了"千字节"，1000 个千字节组成"兆字节"，1000 个兆字节组成"吉字节"，1000 个吉字节组成"太字节"，1000 个太字节组成"拍字节"……1 个拍字节等于 8000 万亿比特。说到这里，你是不是已经被绕晕了呢？

为了能让大家理解数量级的概念，我们举个例子：一页文档包含了几千字节的信息量，一本书包含的信息量有几兆字节，一个小型图书馆的藏书包含了几吉字节的信息量，法国国家图书馆里收藏的文本信息总量有几太字节之多，欧洲核研究组织每年产生的信息量高达几拍字节。

另外，声音也可以用符号近似地等价表达。用符号表达声音并不是一件新鲜事。乐谱就是把声音分割成音符，再表达出来的。音符能表示一定范围内的音高和持续时间，这也是一种近似值。因此，作曲家们非常清楚，要写出火车的鸣笛声和蓝矶鸫的叫声，有一定难度。

计算机将对图像、声音、视频等事物的表达视为一系列的符号。数字是表达信息的常用符号，仅用数字 0 和 1

就能对图像、声音、视频进行表达；随后，这些符号被称为"数字化"的图像、声音等。于是，这种现象就被称为图像、声音的"数字化"。因此，人们也常用"数字化"一词形容算法时代的世界。信息的数字化开辟了巨大的可能性，它让对图像、声音等的存储、传输、复制、研究、分析、转换等处理成为了可能。

多样性和通用性

计算机不仅将算法应用在文档类的符号信息上，还应用在如图像这样的数字信息上。并且，计算机还能与物理世界相互作用。例如，如果我们接好设备的接口，就可以控制自动面缸的马达，来制作面包。同理，计算机也被安装在火车、汽车、飞机、拖拉机等运输工具上。稍微夸张一点说，现代的汽车堪称是配备了一个发动机和四个轮子的小型计算机网络。车载计算机能控制一切——燃料喷射系统、车速变档、制动，等等；同时还能扮演着向导的角色，即使是在一座偏僻的村庄里，外部计算机网络提供的实时交通路况，也能帮助我们避免交通拥堵。

同样，电视机、照相机、手机、手表、音乐播放器、电子阅读器、机顶盒都是计算机……有专门用途和通用的配置的机器貌似使用起来更方便。数码相机包含图像处理程序，而电子阅读器就不存在这种功能。但是，照相机和电子阅读器都有信息处理器，处理器属于通用机范畴。各种设备的功能貌似非比寻常，高度地专业化，而且，我们必须遵循由程序设计师提供的解决方案，不能擅自在设备上加载其他程序。尽管如此，这些设备其实都是在通用机的基础上创造的。

为了理解机器的多样性，我们可以关注一下所谓的"机器人"。机器人首次亮相于1921年，在一台由卡雷尔·恰佩克编写的舞台剧《罗梭的万能工人》（*R.U.R.*）中，那些"人造人"被称为"机器人"（robot）。现在，家用机器人可以帮我们做饭或干家务。工业上使用的机器人更为先进，且高度专业化。有的机器人具有功率大的特点，有的操作精度非常高。虽然，像电影《星球大战》中R2D2、C3P0或BB-8这类机器人仍只存在于科幻小说中，但仿人机器人已经越来越完善，有能力自主执行"高水平"的任务，比如踢足球或者跳舞。

除了家用计算机，还有成千上万靠电池养活的计算机被"圈养"在计算机"大农场"中，这就是数据中心。

我们被五花八门的计算机包围着，每种计算机都在用自己的方式改变着个人环境和工作环境。但是，尽管存在着差异性，这些计算机却都基本保持着通用机的特点。

我们也可以用许多不同的方法来研发计算机。比如，法国里昂高等师范学院的学生们就用乐高制作了一台图灵机。有的研究人员尝试从其他生物体技能中寻找灵感，设计更多类型的机器人。更有研究人员试图利用量子物理学定律，来构建截然不同的计算机。

■ 艾兹格·迪科斯彻 ——————————

艾兹格·迪科斯彻（1930—2002）是一位荷兰计算机科学家，计算机科学领域的先驱者之一。他一生中有很多重要的贡献，特别是在编程语言、算法设计、分布式计算等方面。迪科斯彻以自己的名字命名了一种计算最短路径的算法，而"最短路径问题"是图论研究中的一个经典算法问题。

迪科斯彻还以"难搞"的性格而闻名，有人觉得他难以相处。他有一些名言，例如："测试是用来表明 bug 的存在，而不是不存在。"另一句名言是："计算机科学并不只是关于计算机，正如天文学并不只是关于望远镜。"但最后这句话并不是迪科斯彻说的。事实上，它应该出自另外两位计算机科学家，迈克尔·费洛斯和伊恩·帕伯里。

算法有什么用处

算法和计算机处处都有用武之地。但是，它们具体有什么用处？通用性衍生出了各种奇妙的用途。

计算

纵观历史，计算机最初是用来进行计算的。早在计算机发明之前，人们就给计算一词下了定义：用于转换数据，尤其是数字。求解方程、加密或者解密消息等算法，其实都属于计算功能。

管理信息

但人们很快就意识到，计算机还有其他用途：存储、查找、更新大量信息，例如编制图书馆目录、公司客户名单等。在某种程度上，信息管理使用的算法相对简单：在目录中搜索一本书的标题，并不比在字典中查找一个单词更复杂。但从数据处理量的角度来看，这里确实应该使用计算机，况且我们还要保护信息不因硬件故障而受损，因为对于整个用户群体来说，信息数据可能十分重要。对数据加以归档、保存的算法，也属于信息管理类算法。

通信

数据归档功能随时间不断迁移信息，与此不同的是，有些算法会在空间内迁移信息，例如发送电子邮件所使用的算法就是这种情况。信息在空间迁移中不会被修改。然而，想要有效地共享一个拥有数十亿计算机网络上的信息，就需要复杂的算法，如"通信协议"中著名的"网际协议"（IP）。

计算机网络正在逐步取代邮政网络、手机网络、广播电视网络。信息技术和电信的大融合也许是人们始料未及的现象：在 20 世纪 60 年代的一些科幻小说里，地球居民在 2000 年开着会飞的汽车，但仍然在电话亭里打电话。

探索

我们还是从高等师范学院的校园出发，这次想去东京宫，最快的办法是搭乘公共交通工具，算法可以帮助我们找到最短路径。当我们寻找把 3000 个纸盒整理到集装箱里的最佳方式时，算法也是找到最佳分配方法的必不可少的工具。

最短路径或最佳分配方式的算法大致上以相同的方式运行：在选择之前，算法会搜索大量的路径或纸盒的分配方式，这就是探索和测试算法。当有过多的组态需要探索时，为了避免对所有方法逐一尝试，此时会使用贪心算法等试探法。

数据分析

每一季度，法国国家统计及经济研究所都会公布国内生产总值的增长情况。数据分析算法汇集了如营业额指数、车辆登记、海关统计等大量指标，最终计算得到这一结果。

数据分析在科学研究领域的应用日益增加。例如，图像分析可以对星系进行自动分类；再如，对《圣经》段落中的一些词汇的出现频率加以分析，可以确定该段落的作者。

在日常生活中，搜索引擎提供了可选择的搜索结果。

电影推荐、图书推荐、合作伙伴推荐……网页选择展示的广告内容，都基于对搜集数据的分析结果。当我们使用这些服务时，就会留下相关数据。网络和手机上网服务的发展推动了大量数据的产生。人们已经学会如何用大规模并行的计算机对数据进行分析，这就是大数据功能。

信号处理

算法处理的一部分信息来自传感器，这类传感器用于测量物理量，比如温度、压力、亮度等。测量结果在时间或者在空间中发生变化时，就会构成"信号"。例如，声音是在一定时间内空气压强的变化，图像是亮度在空间内的变化，等等。

信号可以通过模拟的方式表达。比如一种压力传感器——传统麦克风，将声音转换成电信号，电流的变化类似于压力的变化。与之不同的是，数字麦克风将声音转换成一系列数字，也就是转换成一系列符号。用电信号表达的声音可以通过专用设备被放大、转换。同样的信号如果用数字方式表达，就能被算法和计算机处理。

改变声音、图像等事物的表达模式，会大大改变这些信息的处理方式。例如，胶片相机含有一种复杂的滤镜装置。这种装置引导每一束光线聚焦到负片上的某个特定点，少了它，图像将会产生畸变——被拍摄的直线在照片上会变成曲线。数码相机则不需要这样的组件，它由几亿个光传感器组成。如果光线落在错误的地方，算法能够进行畸变校正。摆脱了复杂的组件后，数码相机比胶片相机要便宜得多。因此，大家喜欢随身携带一个数码相机。

使用通用机、计算机，而不是专门的机器去处理信号，也有助于降低处理成本。20世纪的新手音乐人要花一大笔钱，才能建立一个工作室，创作出自己的第一张唱片。而现在，只要一个数字麦克风、一台普通的计算机和一个信号处理软件，就能得到接近专业录音室录制出的音质。

数码摄像机、数码相机、数字麦克风、计算机和信号处理软件，让从前专业人员的专享工具走入寻常百姓家。它们实现了无数艺术家的梦想。想当年，法国"新浪潮"电影运动中的艺术家们就曾试图寻找用最轻便的摄像机和最便宜的制作方式，来实现实景电影的拍摄，但始终难以如愿。

控制对象

算法通常利用传感器提供的信息来控制对象。举个例子，当算法应用在无人驾驶车的时候，不仅要处理乘客提供的信息，比如乘客想去的目的地，还要处理车上配备的多摄像头提供的信息，以便了解路况。

这些算法常常还要具备实时计算的特殊功能：当遇到红灯的时候，算法应该不仅能够启动刹车制动，还必须是立刻做出反应，而不是等到一分钟之后才启动制动。

制造商品

算法被用于工厂里的自动化生产，在一端输入原材料，在另一端输出商品。每个环节的机器都由一个算法控制，而整个生产过程由另一个算法监控，如此便可以自动化生产商品，比如说手机——20 世纪的手机并没什么复杂性可言。

这些工厂里仍然保留着一些人工作业，确保机器正常工作，或者对机器进行必要的维护。但相比 19 世纪和 20 世纪初的工厂来说，自动化生产工厂基本上相当于无人操作。

建模与仿真

我们理解世界的基石是理论，如牛顿力学、相对论、进化论等。当一种理论进行了预测并通过观察得以证实的时候，这种理论就是"科学的"。例如，牛顿力学预测了地球上某一点的日出和日落时间。人们可以对比预测的时间和实际观测的时间，如果这两个时间不一致，那说明理论出现了问题。

某些理论可以用算法表达，例如计算太阳系中行星运动轨迹的算法。这种算法理论被称为"模型"。鉴于其自身的算法性质，模型就是用计算机对相关现象进行"模拟"。人们已经开发了许多现象的模型，如大气和海洋的演变、脑功能的运转方式、板块运动、城市发展、股价变化、人口流动，等等。

牛顿力学等经典理论往往基于为数不多的几个方程。模型则更复杂，涉及面也非常广泛。例如，城市发展的模型必须考虑人口的发展过程，以及经济、政治、地理等影响因素。

鉴于这种复杂性，一些现象即使尚未被充分理解也可以被建模和模拟。牛顿经典物理学家掌握方程，一步一步推理和解释结果。而气象模型极其复杂，我们不可能遵循所有计算，从中简洁地解释结果。这类模型能以较高的正确率对天气进行预测，告诉我们明天是否会下雨，但不会解释下雨的原因。

原则上，模型应当和理论一样受到同样的约束：模型的预测结果应该与观测结果一致，否则模型就是不正确的。然而，由于模型的复杂性，我们不得不重新审视"不正确"这个词的含义。当理论的预测结果与观测结果不一致时，理论就应该被放弃，或至少需要重新审查。但是，一个复杂模型的预测依赖许多参数，若只与某些观测结果有"轻微"出入，我们就不会放弃这个模型。当预测结果和观测结果出入太大时，我们会尝试引入新的参数，这会让模型更复杂一点。因此，存在缺陷的模型很少被放弃——当预测结果与观测结果不同时，我们尝试对模型加以改进。算法模型让人们陷入了一个自相矛盾的情况：算法模型可以研究比经典理论复杂得多的现象，所以，它们代表了科学领域的一个延伸；但是，难以对算法模型的结果进行解释，也就很难对其预测结果和观测结果加以比较，模型的科学性就会减弱。

到此为止，我们对日常使用的几类算法进行了简要概述。不同类型的算法通常共同应用在同一个系统中。例如，在一列无人驾驶的火车上，一些算法控制着火车的行驶速度，另一些控制门的开关，还有一些控制交通管理。概述全面展示了传统算法的多姿多彩，而人们还在通过完善已有算法和设计新算法，不断丰富着算法世界。

算法做不到的事

算法虽然常常被人们诟病，但有时也会被高估。为了充分理解算法在当今世界所占据的位置，了解它们的局限性也非常重要。

计算上的限制

20 世纪 30 年代，雅克·埃尔布朗、库尔特·哥德尔、阿隆佐·邱奇、阿兰·图灵、斯蒂芬·克莱尼、埃米尔·波斯特等数学家的研究工作描绘了能被算法解决的问题的特点。数学家们的结论或许会让你感到惊讶，这类问题与用来描述算法的语言并无关联。我们选择迥然不同的语言，却总会落入同一类问题里。所以我们更加确定，算法概念独立于表达算法的语言。

算法可以解决的问题，是所谓的"可计算性"或"可判定性"问题。相反，算法无法解决"不可计算性"或者

"不可判定性"问题。这可能会令人感到不安，但即便动员世界上所有的程序员想法解决这个困境，也无济于事——毫无成功的希望。

就算不去证明是否存在"不可判定性"问题，我们也能解释为什么有些问题是无法判定的。想象一下，一群孩子在玩寻宝游戏：第一个线索引导他们来到苹果树下；在那里，他们找到第二条线索，引导他们到谷仓里；在谷仓里，他们找到第三条线索……孩子们走过一段不可预知的道路，从南到北，再从北到南，一直把他们带向距离出发点很远的地方，也说不定。

我们可以很容易地回答以下问题：孩子们在游戏前五步中发现宝物了吗？我们只要跟随提示信息走完五个步骤，就足以判断这些信息是否能带领孩子们找到宝物。而另一个问题就比较难回答了："孩子们能否在行程结束前找到宝物？"但我们仍可以找到答案：跟随线索直到找到宝物；或者，直到行程的尾声仍一无所获。

这个方法能帮我们回答问题，只是因为我们知道，游戏行程有一个终点。寻宝游戏的组织者们不可能不厌其烦地提供无止境的线索，这实在不合理。

想象一下，假如这就是一场没有终点的游戏：我们从家里出发，按照当前所在位置的信息，让算法来决定下一个目的地；随后，我们询问这条道路是否会带我们到达罗马；我们可以用与寻宝游戏相同的方法，尝试回答这个问题，然后去往下一个目的地；每到达一个目的地，我们就会询问：是否已经到达罗马？我们可能会在到达第五个目的地或第十个目的地的时候发现自己来到了罗马。但是，我们也有可能一直在徘徊，一个目的地接着一个目的地，永远没有到达罗马的那一天。我们没有任何办法知晓会在哪天到达罗马，甚至没办法判断自己是不是处于永无止境的徘徊之中。我们唯一能做的，就是去往下一个目的地。

■ 阿兰·图灵 ━━━━━━━━━━

阿兰·图灵（1912—1954）是英国天才数学家和计算机科学家。图灵在职业生涯早期发明了图灵机，提出了一种优雅的计算机模型。这种模型催生了"邱奇–图灵"论题，建立起"可计算性"问题的概念。

在第二次世界大战期间，他为破解德国的恩尼格玛密码机做出了巨大贡献。这项工作对于盟军走向胜利具有重大意义。战后，图灵继续对早期计算机进行研究。他提出了一种人工智能化的测试方法，名为"图灵测试"。这个测试的基础是，判断计算机程序是否具有通过假扮人类而骗过人类的能力。

在人生的最后几年，图灵从生物形态角度为生物学做出了重要贡献。

1952 年，图灵因同性恋问题被起诉。他被迫接受化学阉割，以避免牢狱之灾。1954 年 6 月 7 日，他在曼彻斯特的家中被发现死于氰化物中毒，很可能是自杀。直到他死后五十多年，英国政府才重新恢复他的名誉，承认他是战争英雄的事实。

当人们试图通过转化程序来创建新程序时，经常会遇到不可判定性问题。例如，"编译器"是用来翻译程序语言的程序，它将人类编写的一个程序翻译为另一个可以直接被计算机运行的程序。在通常情况下，编译器尝试通过删除无用的程序块，生成最短的程序。但这个问题是不可判定的：任何算法都无法确定某个程序块是否有用。于

是，编译器运用试探法排除某些无用的程序块。但仍无法保证，编译器没有遗漏其他无用的程序块。

运算时间

所幸，我们在日常生活中遇到的往往都是可计算性问题。然而，一些问题虽然是可计算的，解决问题的算法却需要大量的运算时间，结果，这些问题在实际中还是无法解决。

如同地理学家测量山之高、河之长一样，计算机科学家试图衡量所遇到问题的"复杂性"，也就是算法解决问题所需的时间长度。

我们曾经提到过旅行推销员的问题，推销员必须拜访身处几个不同城市的客户。他通常会寻找几座城市之间的最短回路，来安排旅程。对这个问题加以变形，例如，他只想寻找一个不到 500 千米的回路。算法会枚举所有可能的回路，并逐一测试，这需要大量的运算时间：10 位顾客需要测试 3 628 800 条回路；20 位客户需要测试超过 2 兆条回路……于是，回路数量、运算时间随客户数量的增加呈指数增长。因此，这个算法在实际中只能被用于客户数量很少的情况。

是否存在一个快速算法，确定存在一个给定长度的最长回路？这类问题名为 NP 完全问题，写为"P ≠ NP ?"，即 P 是否等于 NP。这是一个超过 40 年都未解决的问题。克雷数学研究所将该问题列入"世界七大数学难题"，任何能找到问题的一个解的人，都能获得 100 万美元的奖金。在 NP 完全问题中，P 类问题是指能快速被解决的问题，而推销员问题属于 NP 类。因此，这类问题的答案一旦被找到，就能很快被验证。例如，一旦找到一条回路，就很快能验证它是否小于 500 千米。如果我们能证明 P = NP，则说明存在一种未知的算法，可以快速解决推销员问题的变形。如果我们能证明 P ≠ NP，则说明没必要再执着地寻找这种算法——因为它根本不存在！

其他资源

如果说，运算时间通常是最缺乏的资源，其他资源也会限制算法和计算机解决问题的能力，比如，用来存储信息的存储空间，或者计算所消耗的能源。能源常常是宝贵的资源，比如对于需要用一块小电池来运转的手机来说。

同时，我们经常还要考虑实现一个算法或开发一款程序所需要的时间。我们罗列这些因素是为了说明，有时候用算法也不能解决问题，算法不能替我们解决所有问题。

可靠性

如果我们想从巴黎前往法兰克福，某个路径搜索算法可能显示这两座城市之间没有火车往来，但事实上是有的。同样，当我发短信给恋人时，短信可能会错发到我祖母的手机上。算法可以包含错误，软件和硬件都可能发生故障。

这些被称为"bug"的漏洞并不是计算机系统所固有的，即便最有经验的驾驶员也会犯错误而引起重大交通事故。但是，计算机系统出错的频率更高，因为这些系统是人类创造出的最复杂的东西——自行车不过由上百个机械零件组成，而手机操作系统的程序拥有千万行代码。计算机系统如此复杂，程序开发时间也越来越短，我们不得不感到惊讶，它们居然大都可以正确运行！

各种 bug 所带来的问题的严重性也不同。公共汽车时刻表的手机应用程序无法运行时，我们还可以从相关网站上获取信息；或者，在车站老实等着就行。短信发送给错误的收件人，问题会更麻烦一点。但是别忘了，在软件控制的飞机起飞之后，或者当外科机器人医生做手术时，我们就把自己的性命交到了算法的手心里。更有甚者，假如控制核电站的算法没有正确运行，后果可能是灾难性的。

在交通、医疗卫生和能源等关键领域里，人们会全力以赴排除漏洞。比如，我们可以做到让自动驾驶仪犯下的错误少于有血肉之躯的人类驾驶员。但是，单单在这些关键领域上努力是不够的，我们对计算机系统的要求比对人类的要求更高。

计算机技术领域的某些研究致力于方法的设计，以避免出现 bug，从而为算法建立起一种信任模式。方法各式各样，不仅涉及开发团队的结构，也涉及测试方法的设计和程序的分析。一般来讲，程序分析不由当初写这个程序的人来完成，分析包括校对代码、理解代码、证明程序的指定属性是否与技术规范相符。

比如我们曾提到过，在字典中搜索某个词的二分查找算法：算法从字典中间开始查找，对比目标词与中间词的位置，根据目标词位于中间词的前或后来选择字典的前半部分或后半部分作为新字典，然后再用二分查找法继续查找，以此类推，直到找到目标词为止。假如我们想在由apartment、apology、apparent、apparition、appeal、appendix、appetite、applause、apple、zoo 这 10 个词组成的字典里寻找"apple"一词，首先会选择字典的后半部分列表"appendix、appetite、applause、apple、zoo"，第二步选择列表"apple、zoo"，然后第三步找到目标词"apple"。

这个算法的技术规范是：如果单词是按字母顺序在字典中排序，且搜索词确实是在字典中，那么算法就能找到搜索词。为了证明算法符合这一属性，我们需要证明在每个步骤中，字典列表的大小都会减少，且如果搜索词在初始列表当中，那么它也会存在于被选择的列表中。如果算法是错误的，比如选择了错误的那部分列表，那么我们会通过证明算法的正确性，发现问题。在这里，"证明"一词与逻辑和数学上的"证明"具有相同的意义。

当然，计算机科学家试图通过其他程序来证明当前程序的指定属性符合技术规范，而不是自证。

借此，我们有可能在程序中排除大量的 bug，大大提高了程序的可靠性。然而，尽管有这些预防措施，仍然会有一些 bug 从眼皮下溜走，比如技术规范本身携带错误——完美不属于这个世界，零缺陷是个幻想，我们只能尽可能减少错误的发生。

当发生问题时，程序仍要尝试运行，只不过在降级模式下运行。例如，服务器崩溃时，另一台机器将作为副本服务器，避免服务中断。

苛求完美也是有代价的。飞机或无人车的自动驾驶仪就值得为此付出高昂代价。不得不承认，开发这样的系统需要耗费大量时间和资金。而对于一个用途相对较小的免费应用程序来说，能更快地提供服务显得比可靠性更重要。这往往导致某些软件的质量很差，就好比一块钱买的小风筝经常在第一阵风刮起的时候就破了，这也没什么好埋怨的。

安全性

安全性与可靠性截然不同，但同样也会对算法的使用构成限制：飞机因为喷气式发动机出现故障而坠毁，这是一个可靠性问题；飞机因为罪犯在飞机上放置了一个炸弹而坠毁，这就是一个安全性问题。

对于计算机系统来说，安全性是抵御恶意攻击的属性。恶意攻击的人试图控制或访问并非供其所用的信息。计算机系统的安全性在很大程度上依赖于信息的加密方法。

当一个网站的安全性不足时，黑客就有了可乘之机，控制网站，改造网站提供的信息。假如有两家竞争的香水品牌，其中一家信息系统安全性较差，那么竞争对手就可以趁机窃取该公司正在设计的香水配方。一场"黑帽黑客"与"白帽黑客"之间的战争即将爆发："白帽黑客"是指保护计算机系统的安全专家；而"黑帽黑客"则是试图找到系统漏洞，并趁机攻击的一群人。

这场战争还扩大到了政治层面上：计算机蠕虫被用来打击核设施，朱利安·阿桑奇等"黑客行动主义者"向公众散播机密文件。

■ 朱利安·阿桑奇

朱利安·阿桑奇是澳大利亚计算机科学家和社会活动家。他建立了网站"维基解密"（WikiLeaks）——leaks

其实是"泄露"的意思。在这个网站上，阿桑奇公开了数以百万计的机密文件，这些文件有时是阿桑奇自己或他的朋友通过"黑客"行为窃取而来的。公开美国在伊拉克行动的机密文件为他招来了与美国司法部门之间的大麻烦。"维基解密"揭露的秘密让很多人无比尴尬，例如某些非洲国家的高级政治领导人。

自 2012 年开始，阿桑奇在厄瓜多尔驻英国大使馆寻求政治庇护，以避免被美国引渡和监禁。

与人类的互动

限制算法的最后一道难题是人类与算法之间的对话。

从里约热内卢飞往巴黎的 AF447 航班坠入大西洋。人为因素在这起事故中似乎负有重大责任，特别是，飞行员与计算机之间的对接界面遭到了质疑——人类飞行员似乎对计算机呈现的数据产生了误解。

人类和算法之间互动的问题还从未引发过如此严重的后果。其实，人机互动不利，往往是计算机系统操作失败的重要原因。很多读者此时也许会想起，自己在面对不友好的交互界面时，总有气得想拔光自己头发的冲动。

在大多数情况下，我们只能去适应机器，但本应是它们来适应我们！无论如何，人机交互正在不断取得进步，看看我们的手机界面就知道了。

计算机思维

一场科技革命带来的不仅是新的知识，还会引发新的思维方式、新的提问方式和新的回答方式。

在 17 世纪初的科技革命爆发之前，假如有人提出一个问题，比如血液是否在体内循环，他会从祖先留下的文献中寻找答案：亚里士多德和盖伦告诉我们，血液不在体内循环，于是问题的答案就找到了。亚里士多德和盖伦如何知道自己到底知道些什么？这个问题不存在。反正他们比我们更博学，对后人来说这就够了。

但是，这种回答问题的方式从 17 世纪初开始逐渐被抛弃。此时出现了两种新的方式：数学和观察。当伽利略用望远镜观察天空时，发现观察结果与当时的天体理论不符——木星周围有四颗卫星环绕。威廉·哈维观察到，调节伤者手臂上止血带的松紧能使出血量产生变化，于是发现血液是在人体内循环的。他们不仅带来了新知识，还带来了提问和回答的新方式。

同样，计算机革命也带来了新的思维方式，通常被称为"计算机思维"，或者"计算思维"，两者几乎是同义词。这种思维方式最初被计算机科学家开发、创立，如今开始感染、充实所有人的思维方式。和计算机科学一样，计算机思维也有几个层面。

思维工具

计算机思维的最大亮点是利用数据库、电子表格和搜索引擎等思维工具。

例如，要回答"明天天气如何?"这个问题，我们在一台计算机里引入成千上万关于温度、压力、风速等因素的测量数据，然后，利用预测大气气团移动的软件，最终得到明天天气的预测结果。如果手动完成这样一个计算的话，时间会非常长，不求助于计算机，我们将无法回答这个问题。

一切都是信息交换

计算机思维也引发了许多新现象，如媒介之间的信息交换。

什么是 20 欧元的钞票？首先想到的信息：这张纸币的持有人工作了一小时，或者中奖了——这给予他喝 20 杯咖啡的权利。这个信息被物化成了一张矩形的纸，也可以被物化成一个贝壳、一枚金币，或者微乎其微的几个比特。

知识的算法形式

当面对"我们知道……吗？"这种形式的问题时，程序员会用算法描述的方式加以回答。例如，在回答"我们知道如何分辨恶性肿瘤和良性肿瘤吗？"这一问题时，程序员会提出一种算法，来分辨两种肿瘤的图像。

如此一来，这里讨论的不再是人类区分"恶性"或"良性"肿瘤的能力，而是如何写成可以区分二者的算法。如果要利用计算机分析常规癌症筛查中成千上万的医学图像，算法的知识就十分必要。

知识的算法形式，是计算机思维的精髓，能将知识变为实际行动。

从数据分析到仿真，算法解决问题的方法丰富多变，不断带给我们惊喜。从生物学到数字人文科学，计算机思维已经在各种领域改变了科学研究的面貌。

丰富的语言

如果你问程序员，怎么撰写一篇含有粗体字或斜体字的文本时，他会立刻写下一种语言。例如，在 HTML 超文本标记语言中，文本"小猫死了"会被写成"\<b\> 小 \</b\>\<i\> 猫 \</i\> 死了"。这样的语言能让我们与计算机进行交流。

早在计算机科学发展之前，人类已经察觉到用符号来编写文本的价值，比如数字、音乐，或是一份飞机档案。很明显，这类符号语言与英国诗人托马斯·艾略特的诗不同。随着计算机科学的出现，符号语言的数量激增。

不同的抽象程度

最终，计算机科学家习惯了在不同的抽象层次上，或着结合不同视角的抽象概念，观察同一对象。

在机械师眼里，一辆汽车是由发动机、离合器、变速箱、四个轮子等零件组成的。然而，对于指挥交通的警察来说，这种分解方式毫无用处。可以说，机械师和交警是在不同的抽象层次上看待这辆汽车。与汽车机械师相比，交警需要考虑的细节更少，也就是说，交警处于"一个更高的抽象层次"看待汽车。

同样，银行的钞票可以被看作是一张纸、一笔钱或是一个信息载体。对钞票的这三种描述都是正确的，只是处于不同的抽象层次罢了。

计算机科学家早已习惯了不断应付不同的抽象层次。对于同一个电子电路，计算机科学家在早上把它看作一组晶体管，中午把它看成一组逻辑门，晚上则看成一个算法的实现。因此，每当面临一个新的问题，计算机科学家做的第一件事就是尝试找到描述这个问题的最佳抽象层次。

过去，陶瓷制造术、细木工等技术工作特别需要依赖高灵活度的手工操作。随着计算机科学的发展，编程或电路设计等新的技术领域逐渐涌现，它们在不同抽象层次上所需的灵活度甚至高于手工操作的灵活度。

如何看待女性计算机科学家？

在这一章的最后，我们来聊一聊一个普遍的成见——这种大男子主义的思维方式早该结束了。多年来，广大女性对计算机科学领域一直兴趣寥寥，越来越少的女性愿意投身这项学科的研究。一般来说，极少有女性选择做科技研究，尤其是在计算机科学领域。然而，那些勇于冒险的女性却取得了惊人的成功。

在很多国家，计算机科学难以吸引女性的原因是多方面的。从小学开始，很多女孩子在理科学习上就出现了偏科现象。另外，人们心中的计算机科学家形象往往是一群以自我为中心的"天才病态"，一帮喝可乐就着冷披萨的年轻小伙子。我们必须打消这种刻板印象，计算机科学家并不都是这幅样子。这种由电影和文学作品树立的形象，会吓退不少女性。最后，我们必须承认，女性计算机科学家有时候不受男同事们的欢迎，男同事们仿佛担心自己这份职业会变得女性化。这些都是表面原因，或许还有其他因素。女性为何普遍对计算机科学缺乏兴趣，我们仍然难以解释。

然而，只要看看历史，我们就会发现这种偏见是毫无根据的。阿达·洛芙莱斯和葛丽丝·霍普都是计算机科学领域表现突出的先驱人物。此外，在布莱切利园和摩尔学院等早期建造的计算机科研实验室里，始终有很多女性研究者。如今，在马来西亚等国家的计算机科技公司里，女性员工反而占大多数。

女性大多对计算机科学兴趣不高，这确实令人遗憾。人们正努力让计算机科学在女性学者中变得更受欢迎，但结果仍不太理想。然而，伯克利大学和卡内基梅隆大学等名校已经成功地扭转了这一局面，学习这门学科的女大学生数量有所攀升。改变现状是有可能的。

■ 阿达·洛芙莱斯

历史上的第一位程序员是一位女性。

阿达·洛芙莱斯，1815 年生于伦敦，1852 年去世，她是诗人拜伦勋爵和数学家安妮贝拉·米尔班克的女儿。洛芙莱斯是最早的女性计算机科学家之一。可以说，是她实现了第一个计算机程序的写入，并将其公诸于世。这个程序被用于由查尔斯·巴贝奇所创建的分析机。洛芙莱斯也是真正率先构想可以运行任意符号算法的通用机的先驱之一。

阿达·洛芙莱斯在笔记中所描述的程序计算了伯努利数。这并不令人惊讶，因为这是一个数学算法——算法源于数学，而且洛芙莱斯本身是一个数学家。令人惊讶的是，洛芙莱斯最终走出了数学框架，进行了其他探索。她写道："机器可以借助科学方法编写任何长度和复杂性的音乐作品。"为了纪念阿达·洛芙莱斯做出的贡献，程序语言 Ada 就是以她的名字命名。

"你明白什么是算法了吗?"

"我想我明白了。机器人,你是对的,这太伟大了!"

"算法将代替人类做繁重的工作。"

"但是,如果人类无事可做,那他们将如何谋生?"

"这就必须更好地分配资源。"

"所有资源都会分配到能控制算法的人身上吗?"

"嗯……唯一可以确定的是,我们应当避免发生这种情况。"

雇用劳动关系的结束

顺风车与卷笔刀

2002 年，法国开始实行每周 35 小时工作制。本杰明在一周 5 天的工作日中，每天削 7 小时铅笔。但是，削 35 个小时铅笔的行为很不正常，因为习惯上，我们用几秒钟就能削一次铅笔，然后把铅笔放回抽屉，直到再次需要它时才拿出来。因此，在一年的时间里，我们可能仅使用几分钟的卷笔刀。

如果每个法国人都希望拥有一个卷笔刀，比如说，每 10 年用 1 小时，那么我们需要 6600 万个卷笔刀。事实上，我们每年只需要买 600 个卷笔刀。如果大家共用 753 个卷笔刀，持续使用，也是足够的。

卷笔刀是如此，在不同程度上，很多其他东西也是如此，比如钻机、自行车、割草机。当然也有例外——那些能被长期使用的，或是非常私人、无法用来分享的东西，比如心脏起搏器或者牙刷。

于是我们就要问：明明几百个卷笔刀就足够用了，为什么要制造几百万个？通常的解释是，使用共享物品会产生一个额外成本。例如，对于一个小城市来说，理论上，在图书馆放一个公用卷笔刀就足够全体市民用了。但是要人们每个星期都穿越城市去图书馆削铅笔，这在时间、交通等方面都将产生一笔成本，而这笔成本将远远超过买一个属于自己的卷笔刀。同样，如果可以在自助洗衣店里洗衣服，或者，一个网站提供出租某人洗衣机给邻居们服务，那就不再需要那么多洗衣机了，但法国的正常状态是每个家庭都拥有一台洗衣机。只有当产品成本远远高于额外成本，才会促使人们打破规则。因此，卷笔刀和汽车大都是个人用品，而飞机却是共享交通工具。

然而，这个平衡正逐渐被打破，原因就是使用共享物品的额外成本开始下降。而这种现象大多归功于使用算法来处理信息。

共享汽车和汽车租赁服务由来已久。我们如果想要租车，必须去到特殊的停车场，那里停放着可以出租的汽车；租赁机构的工作人员会让我们填写表格，确定钥匙如何移交、车辆如何归还。这些都很费时，加之租赁费用昂贵，所以在很长一段时间里，汽车租赁行业的发展相对缓慢。每租一次车都要执行一次这样的繁琐流程，相比来说，人们更倾向于拥有一辆属于自己的私家车。因此，法国拥有约 3800 万辆汽车，而其实，几百万辆车就足以满足所有法国人的出行了。

在租车时执行的所有操作都是为了交换信息：签订租赁协议和保险合同、检查租来或归还的汽车的状况……甚至交换钥匙这个操作也是为了确认在给定时间内，有权使用这辆汽车的车主身份。现在，信息处理可以通过算法来执行，推动了如 Autolib'共享电动汽车服务等项目的系统发展。Autolib'让人们在巴黎的几百个租赁站点仅用几秒钟时间就能够出租、归还一辆共享汽车，甚至是在半夜。没有计算机和算法，这样一个系统会耗费高昂的时间成本和人工成本。

信息交换过程让人们在彼此不相识的情况下也能分享物品，此时，该物品就变成了"共享物品"。共享物品的所有权人可以是一个公司，如 Autolib'共享电动汽车。

但一个物品完全可以既是共享财产，又是个人财产，它或许需要一个更复杂的信息交换过程。无独有偶，法国拼车网站 co-voiturage 让车主共享部分座位，但汽车的所有权仍属于车主个人。同样，"拼车"的理念也由来已久。在20世纪，这种行为被称为"搭便车"。这种分享形式有一个巨大的额外成本：为了将"我在这里，正寻找一辆去往巴黎的顺风车"的信息传递给驾驶者，搭车人需要通过举牌子或者其他形式，有时要在路边等待数小时。算法将人们联系在一起，实现了信息整合，只是这种处理方式更复杂，需要涉及更多的参与者。

这种方法不仅适用于自行车和汽车等成品，对其他"对象"同样也适用，例如空间。在巴黎，房屋的平均体积为 150 立方米。然而，居住在这种房屋里的居民一天中几乎只有一半时间使用这部分空间：他们一整天都在外面工作、上学，而且一年中还有好几个星期在外度假。与此同时，来城市参观的游客还要额外占据酒店房间。办公空间，甚至是"开放空间"，也同样都被滥用——这些空间到了晚上变得空无一人。即使在白天，也有人去休假了，不然就是出差在外，导致办公空间常常被闲置。难道没有一种更好的方法，来利用这样的空间吗？

随着远程办公的出现，对于一些职业来说，算法开启了足不出户、在家办公的可能，而这正是朝着更好利用空间的目标迈出的第一步。理论上来说，远程办公让人们节省了耗费在交通上的时间，并且可以在同一时间里做几件事情：对于年轻的父母来说，工作的同时可以兼顾照看自己的孩子。远程办公在某些行业里面已被接受、实施，在计算机技术公司里就不少见。但它也有缺点，比如，在家办公消除了工作与生活之间的区分标记，长久以后，容易引起心理上的疲惫。

空间管理就像汽车管理一样，共享的额外成本即为信息处理的成本，而当信息被算法处理的时候，这个额外成本就会下降。在远程办公时，我们的住房变成了一个办公空间；当我们将住房出租给游客时，它又变成了一个旅馆；当我们自创网店时，它又变成了商店；当我们叫披萨外卖，在此享用时，它又成了一个餐厅。

但是，除了更好地使用卷笔刀、汽车和空间，低成本信息处理的最大益处，恐怕还是如何更好地利用工作时间。

有效利用工作时间

有些公司的客户或雇员分布在不同国家，偶尔需要将一种语言的文本翻译成另一种语言。公司有两个选择，每次在需要翻译文本时寻找一名翻译人员，或者直接聘请一名翻译人员，一劳永逸。通常，公司的选择由文本翻译量的多少决定，也取决于寻找翻译人员的难易程度。如果公司需要进行定期的翻译活动，就不可能每次都在报纸上张贴招聘启示，然后等待译者报名，接着再给译者回信、预约面谈……这时，公司对直接聘请一名翻译人员这种一劳永逸的方式更感兴趣。但有时候，公司没有足够的文本需要翻译，译者不需要做什么，白拿了薪水，也是没办法的事。

然而，如果这种情况发生在今天，公司老板还可以在搜索引擎中键入"翻译机构"几个字，进入一个推荐翻译人员的网站。网站通过电子邮件接受需要翻译的文本，然后用同样的方式将译稿返回给客户。比起聘请一名有时会白拿薪水的翻译人员，公司更倾向于在需要翻译工作的时候，求助于这种能提供翻译服务的机构。

虽然参与者不同，但基本过程却与共享汽车、共享卷笔刀相同。信息处理成本的降低，能够让我们更好地利用资源。这类资源可以是汽车或卷笔刀等实物，也可以是译者的"工作时间"这种非实体化的对象。

因此，有些人甚至预言，信息处理成本的降低将招致雇用劳动关系的结束，雇用劳动关系将由另一种劳动组织方式替代——每执行一项任务，签订一次性的合同。我们甚至可以说，19世纪和20世纪的雇用劳动关系，只是一种暂时缓和信息处理效率低下问题的临时手段。然而也有人强调，从雇用关系到独立自营，这种突然转变也不是走到哪里都适用。即使公司的一些工作可以外包，但总有要求团队协作、复杂组织的任务需要依靠公司内部的技能来完成。况且，将工作外包还可能导致产品质量下降，或者专业技术的流失。如果说，雇用劳动关系仍有生存前景，我们依然要了解，这种关系在什么情况下会消失，在什么情况下会持续下去。

很多译者在不久前还是雇用劳动者，现在都已经成功地自立门户了。理论上，译者本身也获得了一些自由：译者不再忍受来自"小领导"的权力施压，也不需要每天强制性地从早上 9 点工作到晚上 18 点，他可以根据自己的需求和意愿接受或多或少的翻译量。那么，当译者、出租车司机、新闻工作者变得独立的时候，他们还会怀念身为雇员、领稳定薪水的日子吗？

他们的遗憾，可能并不是无法再领取固定的薪水，而是失去了其他一些伴随着薪酬而发放的福利。雇用劳动关系既能让人用工作换取报酬，也是抵挡各种"不确定"的保障，尤其是收入的不确定。想象一下，有两位译者，一位是葡萄牙语翻译，另一位是瑞典语翻译。假如在某个月里，只有需要翻译成葡萄牙语的文本，葡萄牙语译者将会有活儿干，而瑞典语译者就没有工作。到了下一个月，只有需要翻译成瑞典语的文本，这次就轮到瑞典语译者有活儿干了。假如两位译者都是自由职业者，他们都只能在一个月获得报酬，而在另一个月里颗粒无收。但是，假如他们受雇于同一人，二人每个月都可以获得相同的薪水。换而言之，对于两位译者来说，薪水是一种相互保障的手段。

除了共享收益、平摊损失，雇用劳动关系也包含其他保障的形式。例如，向雇员支付薪水的公司应当依法为他们支付社会保障费用，这笔经费用于给雇员提供医疗保险，确保他们能拥有一笔退休金，等等。

最后，雇用劳动制度能让员工团结起来，比如在对薪酬进行谈判时与公司抗衡。对于分别身在巴西和法国的自由职业者们来说，他们很难联合起来与雇用公司针对薪资进行更有利的谈判，特别是当薪资在地域上有浮动差别的时候。也许有一天，令雇用劳动制度变得脆弱的计算机科学反而会促进自由职业者的组织与团结。而今天，员工们从受雇向自由职业转型，往往要遭遇更多的不稳定风险。

渺茫的明天？

那么，如何避免大众的利益因解除雇用劳动关系而被削弱？

有些情况足以表明，产业信息化只是削减社会福利的一个借口。例如，所谓的客运汽车司机"自主运营"，更多只是表象，而非现实。优步公司给司机们分配行程、决定价格、收入分成，等等。这样的公司与他们声称要替代的出租车公司并没有太大的区别。而且，加州劳工委员会日前裁定了，优步公司的司机并非自由职业者，而是雇用劳动者，这些司机受到其雇用公司的一些限制。

但是，在为汽车司机确立雇用劳动身份这件事上，加州劳工委员会却避开了真正的问题：如何给自由职业者们提供保障？能否通过享有与受雇用者同样的损益平摊、医疗保险和退休金等权利，来对抗工作的不确定性？

对于这一点，人们似乎需要其他组织机构来扮演公司曾经扮演过的角色。例如，法律可以约束那些雇用自由职业司机或译者的个人或公司，让后者缴纳部分与公司支付给其雇用员工相对等的社会保障费用，以此资助自由职业者的医疗保险，令其享有退休保障等权利。算法完全可以管理这样复杂的系统。

然而，法律与工作保障之间的失衡问题，仍然存在。

不难设想，一群自由职业者，如客运汽车司机，终将开始自行组成一个合作团队，实施缴纳医疗保险等保障。

或许，21 世纪的一个重要政治行为将是创造新的社会组织形态，以新的途径同时替代雇用劳动关系和不稳定的工作状态。其实，公司终身雇员制度经历过同样的变革，如今已经消失不见了。

劳动时代的终结

　　我们以司机和翻译行业为例，其实隐含假设了这两个行业会永远存在。但也可能有一天，算法能够像人类一样驾驶汽车或翻译文档，甚至比人类做得更好，那么这些行业都会消失。很多行业也会面临同样的问题。这种转变当然也会促进相关算法的设计、部署、支持等新产业的出现。归根结底，在算法时代，我们仅需要比从前少得多的劳动，就能提供同样的物品或服务。

　　执行同样的任务，必要的工作量却在减少。面对这种情况，我们不禁要考虑一下工作的可持续性问题，甚至要重新思考今天我们所熟知的"工作"的概念。中国百度公司前任首席科学家吴恩达在 2016 年提出一个观点："蒸汽机和工业化的来临使许多工人失去了工作，同时也建立了新的就业岗位，并且是过去完全没人能想象的全新领域。这种改变经历了两个世纪，让大家有时间去适应。农民继续耕种自己的土地，一直到退休，而他们的孩子则去上学，成为电工、监工、房地产经纪人或农艺师。但今天的卡车司机将不会有这样的机会。他们的工作，还有其他数百万人的工作，可能很快成为过去时。"

技术和劳动简史

自史前时代以来，男人和女人在矛、钩、网、磨石、镰刀、锤子等工具的帮助下，既能减少工作量，还能更好地完成生存所必需的任务。比起用鱼线钓鱼，渔网可以让人类在更短的时间内捕到更多的鱼。但是，制作渔网需要费一些功夫。于是，渔夫起初会牺牲一些劳动时间来编织渔网，以便之后能用更少的力气捕到更多的鱼。在此，工具构成了一种"资本"。

水车等工具利用了外部的能量源。这个能源给水车一定的自主能动性，因此水车被称为"机器"。从18世纪末开始，这类机器被大量使用，生产织物、陶瓷等手工制造品。

在从19世纪到20世纪初这一转变时期，物品仍然是由人类借助机器在工厂里制造的。工人们可能认为是他们在操作、使用这些机器，但事实上，根据泰勒提出的科学管理原则，常常是工人们需要适应机器。

随着工厂全自动化的发展和生产线的消失，在 20 世纪下半叶，科学管理制度逐渐退出历史。一个完全自动化的工厂在制造一辆汽车时，会先在装配线的一端简单放置几块材料、金属、塑料等，在另一端就能等待汽车出厂——我们离这样的时代并不远了。在今天，装配一辆汽车只需要一个工人不到 30 个小时的作业，而在 1980 年则需要 40 个人力。对于小零件来说，3D 打印技术还能减少更多的生产时间。

从 18 世纪末开始，使用机器制造物品改变了人们的工作方式。改变最大的行业是长期以来仅限人工进行的手工行业，尤其是技术含量低的工作。例如，洗衣机的出现让洗衣工消失了。但是，技术含量很高的手工业和脑力劳动职业很少被改变。机器人可以画出一辆汽车，但很难想象，机器人坐在法官的椅子上处理案件，或是进行心脏直视手术，或是上一堂广义相对论的课。

但是，我们一定要反思自己的偏见：律师、医生、教师及其他"脑力"劳动者，也将很快被算法部分地替代。

实际上，这些行业也包含大量的重复性工作，比如研究案例、开处方，这些过程往往相似，只是在不断地复制、修改之前的版本。今天，我们能让这些任务中的部分内容进行自动化运作。而在未来 10 年或 20 年里，人们将会实现更多的自动化。律师、医生、教师在执行相同任务时所需要的时间将会减少。算法已经开始帮助人类，并且部分地取代了人类。

■ 线上教育 ————————————————

线上教育的发展充分展现了"脑力劳动"行业改变的可能性，例如教育业。

教师的第一项职能是授课。听众数量往往受到教室大小的限制，最多只有几百名学生。从一所大学到另一所大学，几百名教师可能重复着十分相似的课程内容。第一个可能的转变是将这些课程内容拍摄下来，以视频的形式进行传播。教师的另一项职能是给学生布置作业。这里，有时算法可能比教师做得更好，它可以分析学生的水平，了解学生已经理解的知识点或是还需巩固、加深的地方，并给学生布置"个人定制化"的作业。教师的最后一项职能是批改作业。这项工作可以通过算法进行各种替代。批改论文比批改选择题要难得多，但两个工作都有可能被算法替代。

然而，人类在以下两点上仍比算法做得更好：项目教学，这需要理解学生们的目标，以便引导他们实现目标；其次，教师能比算法更好地"教"学生学习。线上教育更适合大学生，比起没有学会自主学习的中小学生，大学生应当已经知道该如何合理安排自己的学习。

在一些发展中国家，或者在高精尖学术问题上缺乏人才的地区，当教师数量不足时，线上教育可以取代传统的教育方法。线上教育带来了教学方法的一种根本性转变，把教师从那些吃力不讨好的任务中解放出来，比如年复一年重复同样的教学内容，使他们能够专注于对学生进行个别辅导。线上教育是一种节约资源的方式，也能改善知识从一代传播给下一代的方式。

生产更多，劳动更少？

当生产率提高的时候，会发生什么呢？这个问题至少有两个可能的答案。一方面，正如保尔·拉法格或伯特兰·罗素看到的，当生产率提高时，人们通过减少劳动来生产同等数量的产品，引用法拉格的话说就是："每天只工作 3 小时，在其余的时间里尽情地娱乐或者闲荡。"与此不同，另一些人看到了更多的劳动会生产更多的产品。而当我们回顾过去的技术革命时，一时很难看出历史究竟站在了哪一方。

1800 年的法国，农民占就业人口的三分之二。今天，他们的数量仅为过去的十五分之一。但是，农业生产率的提高没有让农民的工作时间缩短十五分之一，也没有出现只有一个人工作、十四个人"尽情地娱乐或者闲荡"的情况。生产率的提高导致十五个农民中的十四个改变了职业，并开始生产粮食以外的东西，如机车、灯泡、药品等，满足了人们出行、光照、治疗等其他需求和欲望。因此，历史貌似站在了认为生产力会提高的一方，给了人们"更多劳动创造更多财富"的机会，让"劳动时代终结"成为一个无望的神话。

然而，至少有三种现象并不符合这一说法。第一，例如在法国 6600 万人口中需要有 2400 万人工作，也就是说，三分之一以上的人必须工作。剩下的 4200 万人或者整天游手好闲，或者在学习：1200万人16岁以下，1100万人64岁以上，1300万人属于非就业人口（其中一部分是学生），还有600万是失业者。延长义务教育的时间和提前退休，使得数以万计的人不用工作。第二，相比于19世纪的工作者来说，这2400万人的工作量相对较少：平均每周工作35个小时，随之每年有5个星期的休假。最后，一个不可忽略的群体，如研究员、教师等，他们从事的行业曾一度被视为一种业余爱好。当然，对一个劳累过度的教师，或是对这本书的作者们来说，很难接受自己的工作是在"自娱自乐"。然而，法语中"学校"一词来自希腊语的 σχολή，原意就是"娱乐消遣"。总之，我们在过去目睹了实际工作时间的减少，在未来，工作时间可能会出现更大幅度的下降。

历史的观察带来了截然不同的结论。此外，除非懒得动脑去想，否则谁也不会认为我们的未来将与过去相同。过去，一个领域生产率的增加导致了新领域的出现，填补了以前的不满，激发了从未有过的欲望。农业生产率的提高一直伴随着整个工业的兴起，而工业生产率的提高又伴随着服务业的增长。当我们需要食品、制成品和服务时，会由此产生什么样的生产部门呢？机器会满足这些愿望吗？有一点讽刺的是，农民已经转变成了工人，工人转变成了出租车司机，但是，当汽车再无需人类驾驶时，出租车司机又将转变成什么呢？我们还可以找到除了食品、制成品和服务以外的其他东西来生产吗？

因此，对劳动力需求的大幅度下降可能并不是一个神话，它是可能实现的，而且可能已经部分地实现了。这对我们来说，是个好消息吗？

从劳动中解放

你可以将劳动的终结看作一种解放。《圣经》中不是把劳动当成了一种惩罚吗？《圣经》中写道："你必汗流满面才得糊口，直到你归了土。因为你是从土而出的，因为你本是尘土，仍要归于尘土！"在战胜死亡之前，人类难道就不能先想法摆脱劳作吗？小说主人公鲁滨逊为了填饱肚子，只能忍着饿每天钓鱼 12 个小时。后来，他发现岛上有一个"丰裕之角"，每天给他提供肥美的鱼肉、烤熏肉、美酒和美味可口的水果。你说他怎么会不高兴呢？

但是，我们不是生活在一个荒岛上。劳动时代的终结对于每个人来说不一定都是好消息。事实上，人类从使用工具开始，就遇到了劳动提供者和生产必要工具（资本）提供者之间的财富分配问题，例如渔夫与渔网所有者之间的关系。以前，捕鱼肯定需要渔网，也需要劳动力。如今，建造汽车肯定需要拥有尖端技术的工厂，也特别需要大量的劳动力。工人提供了一种罕见而稀有的东西，这种东西让他们在面对工厂老板商议薪酬的时候，拥有了一定的谈判资本。劳动时代的终结扰乱了资本提供者和劳动提供者之间的财富分配：今天，工厂老板几乎可以不需要工人，而且老板很少与刚刚被解雇的工人们分享生产率提高所带来的利润。在算法时代，蛋糕再大，大多数人也只能分到一小块，无论在相对意义上还是绝对意义上，都是僧多粥少的局面。

正因如此，从 18 世纪末开始，工人们有时会奋起反抗，就像 1811 年至 1812 年间反对劳动机械化的勒德分子[①]一样。如果对人类总体来说，劳动机械化是一种进步，

---

① 勒德分子指的是 19 世纪初，在英国工业革命时期，因为机器代替人力而失业的技术工人。今天仍指仇视、惧怕科学技术发展，认为机械化、自动化和人工智能会威胁人类，科学技术对社会产生的损害要多于益处的人。——译者注

那么对于这些工人们来说，却是一种倒退。在反抗过程中，纺织工人们破坏了第一台机械织布机，这不是因为他们对机械化怀有仇恨，也不是因为他们真的乐意每天在臂织机上工作 18 个小时，只是因为，引进这些机械织机会让纺织工人们失业。

今天，捣毁服务器，或者从地底下挖出用来发送电子邮件的光纤电缆，这些破坏活动的难度系数更高了。但是，也许很快会有出租车司机和运输汽车司机攻击第一辆无人驾驶汽车。如果明天，我们发现了能够给全人类都提供鱼肉的"丰裕之角"，渔夫们也可能会将这个丰裕之角毁掉。只有当人们想吃鱼的时候，才会发觉渔夫这个职业还是有用处的。破坏机器肯定是目光短浅的行为，却不是不能理解的。

想象一个极端的例子：我们已经完全不再需要劳动力去生产粮食、衣服、交通工具……这些物品都来源于一个"丰裕之角"。丰裕之角的所有者们可以一直独霸出售物品所得的收入吗？正因如此，"机器替代劳动者"的结局将"所有权"的概念也推向了风口浪尖。

这只是一个推测，但这类问题将是 21 世纪政治学研究的核心，即使关注重点将暂时放在"维护"公司的利益上。于是，纺织工人、邮递员、音乐家或出租车司机都会因技术进步而失去收入。在每个历史时期，技术革命都会改变政治学的框架：没有文字就没有汉谟拉比法典，没有印刷术就没有路德的宗教改革，没有蒸汽机就没有马克思的理论。对我们来说，关键的政治问题并不在于减少失业或者是否要成为邮递员，而是在于，无需劳动时，由机器人和算法创造的财富该如何分配。

我们已经隐约看到，这些问题的身影闪现在最近的两次"社会契约"革命中——无条件基本收入和礼物经济。

不同国家已经设立了无条件基本收入。法国通过最低生活保障津贴和积极互助津贴也在部分地区实现了无条件基本收入。这些分配非常微薄，依然被认为是暂时措施，而其最终目的也仍是让受益人最终融入劳动世界，或返回工作岗位。然而，如果按照并不是所有人都必须工作，大家也不必无时无刻都要工作的观点，这可能会让人们开始对失业状态抱有一种乐观的看法。法国的历届政府拼命寻找解决失业问题的奇迹方案。但这个方案最终也许不是让没有工作的人继续回去工作，而是让他们快乐地无所事事。

　　随着礼物经济的出现，算法时代也对"所有权"概念提出了质疑。我们接下来看一看。

所有权时代的结束

礼物经济，这个表面看来自相矛盾的想法是从哪来的呢？

当一个人吃苹果、开车、接受园艺师的服务时，他将会妨碍到另一个人吃同一个苹果、开同一辆车或者使用同样的服务，这让苹果、汽车和园艺师的服务变得具有竞争性。当分享一件具有竞争性的商品（通常为有型财产）的人越多时，就好比一大群人分蛋糕，每个人能得到的部分就越小。与此不同的是，对于无竞争性的物品（通常为无形财产），每个人分到的部分大小不变。无竞争性商品的存在由来已久，例如广播，一个人听广播并不会妨碍另一个人同时收听。但是，无竞争性商品曾经相当罕见。在算法时代，书籍、唱片、电影都变成了"零成本复制"的数字化产品，这些商品的竞争性越来越小。除此之外，还出现了新的无竞争性商品，如算法和程序。

根据市场规律，商品的价格反应了复制一件该商品的成本。对于无竞争性商品来说，这一成本为零，这就产生了"免费"商品。

无竞争性商品的所有者

在算法时代，数字资源可以免费共享。这些资源已经遍布许多领域：科学研究的论文可以在 HAL 和 arXiv 等学术开放网站获取；教育领域出现线上授课；大众协作创作的免费百科全书，如维基百科，促进了知识的传播；地图数据随着开源地图服务 OpenStreetMap 面向大众；政府也开始开放数据的传播，等等。

纸质书也具有一定的非竞争性：事实上，一个人读一本书并不妨碍另一个人去读同一本书，条件是两人在不同时刻错开阅读，或者不借阅同一册。图书馆开发的正是纸质书的这部分非竞争性，图书馆将书籍组织起来，形成一个几近免费、能进行短时性分享的平台。电子书则与此不同，它是可无限复制的，而且完全是非竞争性的：同一本电子书可以被多个读者同时阅读，不受任何时间上的限制。

通过引入复杂的技术设备，出版社可能人为地赋予电子书一些竞争性，以便对数字版权加强管理，但效果并不明显。有时，这样做是为了保证创作者和出版社的收入。

让我们暂时忘记经济、技术和作者稿酬等问题，这些问题稍后再讨论。在纯粹的道德层面上说，剥夺一个人读书的权利完全站不住脚，更何况，每增加一个人阅读同一本书，也不会增加任何成本。

算法和程序

就像电子书一样，算法被一个人使用时，并不会剥夺其他任何人使用该算法的权利。于是，算法像"丰裕之角"一样，属于非竞争性的商品。算法的发明者假如想永远地占有它，并从中获得永恒的收入，这恐怕就不合理了。事实上，法律限制了将算法据为己有的可能性。一般来说，专利法在时间上限制了一项发明的所有权，但许多国家把算法从发明专利领域里剔除了出去。

程序同样也是非竞争性商品，并且在计算机科学发展的初期，很少有程序使用者能把程序自由地交换。在20世纪70年代，软件公司之间的竞争愈演愈烈，情况有了改善。过去，软件作为可读源代码而分发，而此后变为二进制编码，源代码编译的结果只能被机器解读，软件无法再修改。因此，到了 20 世纪 80 年代初期，诞生了自由软件运动。

事实上，有两个运动独立并存：自由软件运动和开源软件运动。自由软件运动认为，软件被用户使用、学习、修改、重新发布（修改与否的）副本，这都是基本自由。因此，自由软件运动在本质上是道德层面上的运动。开源软件运动的主张几乎与自由软件运动相同，但理念根源却完全不同：除了道德上的考虑之外，开源软件运动主张通过大型社群的发展，让软件变得更有效，也更可靠。因此，开源软件运动强调的是实用理念，这种理念更容易融入企业的思维方式。

有意思的是，这些运动促进了软件许可证的问世。软件许可证是将软件用户和创造者联系起来的格式合同——用户与创造者的关系紧密，却有着各自不同的动机。软件许可证最了不起的地方是完美调和了道德考量和实际应用的需求；许可证让软件作者、书籍作者、歌曲作者免费授权了某些用途。

■ 理查德·斯托曼 ──────────

理查德·斯托曼（1953 年生于美国）是美国自由软件运动中著名的积极分子之一。他是一个天才程序员，开发了许多自由软件，特别是编辑程序和编译程序。

斯托曼创建了自由软件许可证 GPL，意为"通用公共许可证"。他也是著佐权（copyleft）概念的发明者。著佐权借鉴了著作权（copyright）的原则，保护自由软件的使用权，以及修改和分发的权力。斯托曼在数字版权管理方面也很有建树。

既免费又盈利

然而，所有权概念的弱化带来了一个问题：假如作者、计算机科学家、音乐家们放弃自己所创造的事物的一切所有权，而这些所有权又与他们的收入息息相关的话，他们该如何生存？因此，人们发明了一些经济机制，用来回报可零成本复制的商品的作者。

一个例子是在音乐发行平台。用户支付一次性订阅费，这样一来，用户就算多听几首歌，也不会缴纳更多其他费用。而平台可以借此收到钱，并把这些钱重新分利给音乐家。订阅者的动机往往是为了更方便访问大量的音乐作品，或者无需任何成本，就能认识更多艺术家。对一些人来说，这种做法还可以实现给予艺术家经济支持的愿望。

有一种新型商业模式恐怕最值得探讨：既能保证自由软件或开源软件持续开发，又能支付其创造者报酬。一些公司开发和分发软件是完全免费的，但背后的动机却远非大公无私。这或许是纯粹的商业策略，例如免费增值（freemium）模式。这种模式通过提供免费软件而获得一个巨大的市场，然后，公司再出售同一软件的高端版本。公司也可以让用户免费获取自己开发的产品，并围绕这个产品提供一些付费的增值服务，例如学习如何使用产品的培训。

公司开放软件代码也可能只是为了鼓励开发者完善软件，比如校正错误、补充功能。于是，公司也可以从中获得回报。此外，许多软件许可证要求用户无偿地分享软件的改进方案。于是，众多公司开始重新致力于大型软件的共同开发，甚至是围绕着一个共同标准，携手开发一套软件。协同开发平台在这里扮演了一个重要角色：分布在五大洲的大批开发人员汇集到协同开发平台上，这让大型软件的共同开发变为可能。各大平台已经创造出巨型软件，这是任何一家公司都无法独立完成的伟业。毫不夸张地说，这堪比建造一座大教堂。

所以，这些新型商业模式不仅是团结与自由的象征，也是真正的全新产业发展模式。新型商业模式可能会宣告所有权概念的衰退，甚至是消失。

王者独尊

然而，所有权制并没有轻易地缴械投降，除了自由软件、协同开发平台、共享经济之外，还存在着另一个经济领域。在这个领域里，类似的条件却导致了截然不同的结局，这就发生在谷歌、苹果、Facebook、亚马逊、Netflix、爱彼迎、特斯拉、优步、缤客等巨型企业中。

奇怪的是，相同的非竞争性条件，甚至是相同的非竞争性商品，催生了这些巨型企业。例如，公司管理社交网络的成本基本上就是软件开发成本。既然软件是一种非竞争性商品，那么即使用户数量达千人、百万人甚至亿万人，这一成本都不会改变。而与用户数量成正比的成本，如服务器或磁盘的成本，常常忽略不计。当我们想注册一个社交网络时，比起一个拥有百万用户的网络，我们更倾向于一个拥有亿万用户的网络，因为我们所有想要与之交流的"朋友"，可能都已经加入了那个更大的网络。

因此，社交网络的服务是非竞争性的，甚至是"反竞争"的：越多的人分享蛋糕，人们分到的部分就越大——越多的人使用社交网络，我们在该网络里的个人交际圈就会越广。然而，这种力量会促使世上最终只存在一个社交网络，只有一家网上书店，只剩一个酒店出租平台。在算法时代，"公平竞争"被另一个法则取代——王者独尊……直到这个王者被一个更年轻、更具创新性的胜利者废黜。生产无形商品的公司会产生这种"王者独尊"的效应，反常的是，生产有形商品的公司有时也会如此，例如，工厂的自动化生产让制造一辆新汽车的成本远远低于设计一种新车型的成本，产品最终也会单一化。

这种自然而然朝着垄断发展的趋势并没有致命的危险。但是，实施反垄断法和互操作性标准等法则，在全球化经济的大潮中步履维艰。

一边是礼物经济，一边是巨额利润，这两种经济模式似乎相去甚远。两者之间就这么不相容吗？维基百科是一个非营利性企业，但它却在网络百科全书的市场上"赢得了一切"，人们甚至不得不承认，维基百科几乎成为唯一的百科全书。谷歌取得了巨额利润，但是谷歌搜索、谷歌地图、Youtube、谷歌邮箱都是免费的服务。当我们讨论个人资料数据在"双面"市场中被商品化时，就又回到了这个悖论中。抛开公司创始人的个人意图不谈，缤客和维基百科这两家公司之间似乎存在着一个根本性差别，而这个差别就在于，后者设法出售无竞争性商品，而前者则拒绝出售无竞争性商品。

■ 塞格·布林和拉里·佩奇 —————

Pagerank 网页排名算法，是由谷歌的两位创始人赛格·布林和拉里·佩奇设计的。该算法的目的是对引擎搜索的请求结果进行分类。

当我们提出请求搜索"埃尔维·普雷斯利"，搜索引擎将筛选出包含这两个词的网页。搜索引擎搜索出几百万的相关网页，在这些网页中，搜索引擎必须筛选出一小部分，显示在搜索结果的首页。早期版本的谷歌搜索通过

Pagerank 网页排名算法，筛选出"最受欢迎"的结果。
Pagerank 网页排名算法使用了相对简单的算法，其中，每个页面将自己的"受欢迎度"传递给另一个它所引用的页面。因此，一个页面更受欢迎，是由于它被许多其他页面引用了。

"机器人，算法将会取代人类成为统治者吗？"

"我向你解释过了，算法是由人类所设计的。所以，它想要什么，其实取决于人类。难道你想被算法控制？想服从我的指挥吗？"

"做梦！你只能继续为我服务。当我成为法兰西共和国总统时，你会帮助我吗？"

"这就是我们现在要讨论的问题。"

算法时代的管理

信息化管理

所有人都曾经体验过信息化管理，无论是在线上申报收入，还是填写与医疗保健卡绑定在一起的电子医疗报销单。在一些城市，公民还可以在网站上反映路面损坏的情况，以便当地政府对损坏的路面进行维修。

信息化简化了管理，使管理更加有效。比如在公司里，使用信息系统可以优化管理，正如优化管理车流一样，从而降低一定的成本。随着信息化不断发展，为大众提供同等服务所需的公务员数量也开始减少。因此，这也是一个机器替代人类的例子。

有时，信息化也会使管理更加公平。人类在处理事情时，容易夹杂个人的习惯和偏见，而信息化管理更能保证把同样的规则公平地应用到所有人身上。

然而，对于最弱势群体，信息化管理表现出了一些风险。例如，某些社会福利申请必须在网上进行，而补助的潜在受益者可能是社会中最少有机会登录网络的人群。如今，大多数公民可以访问互联网，但对于少数不使用互联网的公民来说，这种被社会排斥的情况越来越严重——这种现象往往会导致文化、社会和经济的边缘化。我们必须确保，信息化管理不会加剧这种不平等。

使用互联网的权利，以及为了使用相关服务而获取所需知识的权利，现在都属于公民基本权利的一部分。

公民参与的民主生活

如我们所见，计算机思维将众多人类活动描绘为简单的信息交流。面包店的师傅把面粉变成面包，工厂把金属原料变成汽车，而在国家和地方政府之间最准确地体现了这一点——信息交流。一个城市的市长有时留给人们的印象就是一天到晚忙着种植树木或者修建幼儿园，但实际上，这些都是园丁和泥瓦匠做的，市长只是交谈、说服、决定、仲裁，等等，很少亲自接触铲子或者镘刀。政府机构纯粹是一个信息处理的机关。

不同的政治体系，如独裁制、直接民主制、代议（间接）民主制等，不过是以不同的方式组织信息交流而已。在独裁制下，信息从独裁者流向群众，顺延而下。在直接民主制下，信息从公民大会传递到负责执行这些决策的人。在代议民主制下，信息交流更为复杂：在选举前，信息以各种流程从候选人传递给公民；在选举中，信息从公民传给负责记票的代理人员；最终，选出的代表人负责执行决策。

在分析这些体系时，有一个关键的问题：由代理人员交换的信息量有多少。例如，如果每隔 5 年投票选举一次国家领导人，且有 32 位候选人，那么每个公民在每次选举中向社会传递 5 比特的信息，因为 $32 = 2^5$。因此，从公民到社会的信息流量为每 5 年 5 比特，即每年 1 比特。如果增设立法选举、地方选举等，这些选举合起来构成了一个通信渠道，信息流量为每年 5 或 6 比特，或者，使用另一个单位"位"，即为每秒 0.0000001 位的次序。相比之下，家用机顶盒的总信息流量比这要高几十万亿倍。

政府机构为什么依赖如此低速的通信渠道？其实不难理解，这样的通信渠道诞生在 18 世纪初期。当时，举行大约一年一次的大选已经是尽人们所能了。这不仅因为政权的发明者深信人民无法管理自己，还由于当年通信技术发展不足，导致了信息流量如此之低。

如今，人们想用这样一个低流量的渠道表达自己对外交、军队、司法、警察、学校、研究、卫生、农业、住房、工业、经济等方面的意愿，就必须使用压缩算法。压缩算法可以缩减信息的大小，但通常也会令其损耗或扭曲。压缩算法的目的是，即便通信渠道的流量低，也可以传播信息。我们用一句简短的话概括所有上述愿望："在所有这些问题上，我同意选某位候选人。"这是有损压缩的典型例子——信息的大小被大大缩减，但其所包含的内容也严重损失，因为在所有上述问题上，我们不可能与同一位候选人保持高度一致。当大家往投票箱里塞选票的时候，我们所做的正是压缩表达自己愿望的信息。信息压缩最极端的情况是将我们的意愿概括成仅仅 1 比特信息——"左翼"或者"右翼"；或是 2 比特，即在前者的基础之上，附加一个形容词表达"温和派"或者"激进派"。

自 20 世纪末以来，信息流量的提高废除了这种表达愿望的方式。寿命长达 200 年的政府机构，以及用如此讽刺的方法概括愿望的压缩算法，都已经成了过去时。这也展现出，除了传统的主流政党外，新的通信方式如何有助于其他政党的发展。新党派会聚焦一些特定问题，如住房权利、移民权利、患者权利。在20世纪上半叶，除了女权主义和环保主义这两个政党能引起一些注意以外，很多党派是不存在的。因此，新党派最开始都依赖网络而发展，也就不足为奇了。

然而，政府机构仍然继续要求公民简化、压缩自己的愿望。但现在要有些改变了。在算法时代，大家几乎很少使用国家或地方政府提供的各种渠道。在越来越复杂的世界里，政府机构有时无法适应先进的科技发展，因而会逐渐消失。除此之外，大众对某些机构的不信任感也会越来越严重。

毫无疑问，21世纪建立的新机构更有助于传播重要的信息流。在这个方向上，我们已有所目睹，例如印度的非政府组织Janaagraha[①]开创了一个名叫"我行贿了"的项目，鼓励公民进行反腐败斗争，通过网站让公民坦诚自

[①] Janaagraha 一词来自圣雄甘地的演讲，意为"人民的力量"。

——译者注

己的行贿行为。

在制定法律（如法国《数字共和国法》草案）的过程中，法国政府在网上征求公众意见，让公民向社会传达更大的信息量。这一过程是在与公众协商，而不用于决策，因此仍有不足。比如，令人遗憾的是，最终通过的《数字共和国法》并没有充分考虑公民所表达的意见。事实上，这项法案或许早就被一些专家偷偷拟定好并投票表决了。这样一来，公民充分讨论的草案内容与法律的实际面貌当然会有所不同。但是，这种"参与式"民主举措正朝着好的方向发展，尽管十分罕见，而且施行起来还是扭扭捏捏的。

公民信息

公民所传送的信息量是一个重要问题。公民收到来自政府或其他公民的信息量也同样重要。例如，对于代议民主制来说，公民的信息是政府正常运转必不可少的要素，如果公民的信息没有被正确地搜集起来，那么他们的投票是没有任何意义的。

现在，政府掌握了有效的方法来搜集公民信息，即使还远远没能充分地利用这些信息。比如，法国人所熟知的公共数据——法国 36 000 个城镇的预算，这在从前是无法知晓的，因为在算法时代之前，发布这些信息会耗费高昂的成本。但今天，信息成本已是可忽略不计的部分，无法访问到这些信息才让大家难以接受。

公共数据的开放基于自由获取信息的理念。公共数据被视为共同财产，它的传播是人们普遍关心的话题。共同财产也是维基百科等自由软件项目的核心理念。在公共领域，开放数据运动有其根源，那就是美国于 1996 年出台的《电子信息自由法》。近年来，开放数据变得真正庞大起来，特别是伴随着 data.gov 等网站的出现。data.gov 网站让美国籍公民获取联邦政府提供的数据，追踪政府的详细开支。开放数据运动在法国发展较晚：公共数据开放最初仅在几个城市发展起来，特别是雷恩市；直到 2011 年，法国国家开放数据办公室 Mission Etalab 才加速发展。

另一方面，信息通过报纸、电视等媒介传播，规模更庞大，并且能更长久地使用。公民同样可以通过社交网络、博客、论坛等方式，接收来自其他公民的信息。然而，这种"横向"信息如果泛滥，如何选择相关信息就会变得复杂，大众也可能会被虚假宣传误导。

企业、工会、协会等

我们讲述了公民参与国家或地方政府的活动，同样的现象也会出现在其他机构，如工会、协会、企业等。

在这些组织机构中，等级制度不那么森严，会提供更人性化、更高效的服务。这些新的服务形式对合作与决策的新方式进行了反思——对于任何一件事来说，信任和思考都至关重要。

由此，一项巨大的工程摆在了我们面前：在算法时代，我们所创建的机构、企业、社会生活方式等都要考虑到通信技术提供的各种可能性。

"机器人，我觉得这个世界有点令人不安。数十亿的计算机程序，我都不知道是干什么用的。"

"所以啊，我们必须知道它们是干什么用的。尤其是，它们不能什么事情都敢干。"

"我提议建立一条法则：机器人不应该有不公正的行为，它们应该对我友好，应该服从我所说的一切。"

"如果你要求它们做出不公正的行为，它们又该怎么做呢?"

城市里的算法

"城市"通常被定义为一群人的共同生活之地，而共同生活需要遵守某些规则才有可能实现。这些规则定义了每个人的权利和义务。这里的每个人是指城市中的个体，包括女人和男人。但是，现在这种观念逐渐演化，慢慢考虑到以群体为单位的人类，如同业公会、企业、协会等。群体也有权利和义务，因此也是城市的成员。

实际上，引入群体这种"虚拟人"简化了我们的生活。举个例子，假设卡米耶、克劳德和多米尼克共同住在一个公寓里，卡米耶花费 60 欧元在市场采购。克劳德和多米尼克应该每人给卡米耶 20 欧元。更简单地说，卡米耶、克劳德和多米尼克都应该事先上交 20 欧元给"室友社群"，社群再把这总共 60 欧元交给前去购物的卡米耶——这两种说法是一样的。再比如，如果多米尼克拒不缴清他那笔款，这个事件就可以看成是多米尼克和卡米耶之间的矛盾，也可以更简单地视为多米尼克和"室友社群"之间的矛盾。当室友的数量超过几十人时，借助"室友社群"的做法会更便利，虽然这是一个虚拟人，但可以用"它的名义"开一个银行账户，这样它们之间就有了面对面的权利和义务。

除了人类和某些人类群体，其他实体有时也被视为城市的成员，例如动物。中世纪有许多案件都是针对动物提起诉讼的，法国法律一直承认它们是"有感情的生物"。一些当代的思想家提出了更长远的想法：我们也需要考虑到，海洋、河流、森林……机器人、软件和算法也能作为城市的成员。

企业、动物、算法或表达算法的软件都能作为城市的一员，但这并不意味着给予它们与人类同等的权利和义务。例如，法院可以判处一个人入狱，但不能判处一个企业入狱。相反，法律可以决定是否废除一个机构，但不能决定是否废除一个人。因此，考虑将算法或软件视为城市的成员，并不意味着将其拟人化。

如果将软件视为城市的成员，就可以把城市看成是一个实体系统。是人类与否并不重要，重要的是要遵循一定的规则，在规则下进行交互。我们在城市中，与软件和算法"共同生活"，并且建立规则、和谐共存——"共同生活"问题就此有了重大意义。

替罪羊

今天的共同生活，远不是其该有的样子。算法常常被认为是一切问题的根源：行业的消失、公民自由的限制、非人道的世界……当火车上的同一个位置被卖给两位乘客时，大家都认为这个错误只可能是算法引起的。就算你告诉大家，这个错误可能存在人为因素，或者它早在使用计算机之前就存在了，那也毫无意义。拒绝改变、怀念理想化的过去，这种落后的心态常常让指责变得更加激烈：电子书会剥夺纸张的香味，扭曲阅读的乐趣；访问网页会使人们变得愚笨，减少我们对学习的热爱——在这个时代，学习的乐趣已经被键盘输入所摧毁……

于是，在城市的成员中，算法被挑选出来承担错误责任，但它们并不总是有罪。事实上，算法是替罪羊。指定这样的替罪羊，不但阻碍人类与算法和谐共存，还掩盖了真正的问题：算法在城市中到底处于何种地位？我们可以依赖算法做怎样的决定？如何质疑和否定算法做出的决定？在道德和法律上，算法能为自己的行为负责吗？

决策

正如城市中的其他成员一样，算法和计算机都被用来引导决策。例如在公路上，全自动雷达系统估算驾驶者的行车速度，通过观测速度，决定开不开超速的罚单。尽管如此，我们并不希望把与城市生活有关的所有决定都交由算法来做。因此，我们必须自问，希望把什么样的决定权委托给算法，什么样的决定权应当保留给自己。

一个典型的例子是司法权。法院的判决可以交给"算法法官"吗？驾驶员的罚单要由"雷达警官"直接开出吗？在互联网上，我们已经遇到过这样的"算法法官"，在线解决一些小纠纷。例如，eBay 和 PayPal 的买家和卖家可以利用"解决中心"来解决矛盾冲突，大多数纠纷都能以这种方式解决。但我们可以更进一步，例如，给嫌疑人定罪或者释放监狱里的犯人，这类问题能参考类似eBay 和 PayPal 处理纠纷时的算法吗？

为了回答这类问题，我们首先要问自己，是否知道如何构建与人类法官一样有效的判断算法。例如，我们知道如何构建一个用于审判的判断算法，而这个"算法法官"所犯的错误比一个人类法官要少吗？要回答这样的问题并不简单。特别是，为了评估算法的有效性，我们必须确定，对一个潜在非累犯进行不必要的拘留与释放一个累犯，两者相对的成本是多少。同时，我们必须有能力评估，被定罪的人有多少悔改的诚意，这可能是一个降低再次犯罪风险的指标。

也就是说，想象一个理性的、铁面无私的非人类法官，将其与人类法官进行比较，我们就能明显地看到当前司法体系中或许无法修正的缺陷。和所有人一样，法官也是人，一天之中也有正常的新陈代谢过程。我们已经知道，执行判决的法官在上午结束时做出的判决明显比下午开始时的判决要缺乏宽容。一项研究表明，数千例判决结果显示，法官在午餐前最后一次判决中给予减刑的比例是20%，而在午餐后的第一次判决中给予减刑的比例是60%。据统计，在美国的某些州，对于同类的犯罪行为，美国非洲裔黑人被定的罪要远远重于其他种族的公民。参与判决的陪审团中，有的公开带有种族主义色彩，而有些陪审团虽然初衷很好，但人们对那些和自己外形相似的罪犯，会抱以更多的同情心。当然别忘了，许多国家的法官并不清廉。

在这三种情况下，从统计学来说，我们可以认为一个非人类法官要比一个不理性、带有偏见甚至腐败的人类法官做出更好的判决。在某种程度上，人类法官可能和其他普通人一样不可靠。因此，有必要用算法替代人类法官吗？

介于算法决策和人类决策之间，有一个居中的解决方案，那就是"两者皆取"的混合决策，由算法给人类提供"建议"。然而，这种做法有个弊端：人类会丧失责任心，会拿"算法提供了错误的建议"当借口，为自己的错误决策辩解。同样，如果把一个决策权委托给一群人，往往没有一个人会为这个决策承担责任。在法官给罪犯减刑的例子中，人类法官如果有判断算法的帮助，当算法提出拒绝给予罪犯减刑时，他自然而然会被没有风险的判决所吸引，按照算法的建议执行。这种选择让人类法官避免承担错放一个累犯的风险责任，因为算法会事先警告过他。人类法官的责任心丧失，毫无疑问，是这种混合决策方案的一大弊端。

归根结底，到底有没有必要以"算法法官"替代人类法官？以目前人类的知识程度，我们无法设计出既有必要的同情心，还能考虑每个案子中人类的复杂性的算法。但或许，这个问题终有一天会解决。如果"算法法官"从统计上来说能做出比人类法官更好的决定，那么就没理由说，司法的非人性化发展是一种文明的衰退。

对决策的争议

判决一个人入狱，这个决策仍由人类来完成。但很多小决策，如判定司机违章、给予或拒绝贷款等，都已经能由算法来完成。大家都应该听过把算法和计算机当成替罪羊的说法："您说得非常对……但我也没办法啊，这是计算机的问题……"

这种在计算机辅助下的庸碌无为，与其他滥用权力的现象如出一辙。但面对这种情况，我们没有任何预设的质疑方案。算法出现错误是完全正常的事：算法由人类设计，很可能会出现人类所犯的错误和偏差，无法掌握与事件相关的所有信息，或是没有设计为可以考虑特殊情况的能力，等等。指定一个负责人，诉诸问题，这很有必要。如果这个负责人认为人类是对的，那么他必须能够做出决策，反对算法。

如果不能提出异议，那么由算法来做决策将不可能成为一种进步，也肯定不会被城市的其他成员所接受。在任何情况下，必须有一个权威人士或调解人，可以修改算法所做出的决策。而且，在某些情况下，调解人也可以是一种算法，比起提出有争议决策的算法，"调解人算法"能更好地进行核查，思路也更全面。

亚里士多德将城市视为"政治动物"的共同体，人们因选择了共同生活而集结起来。我们将算法视为政治动物——虽然区别于人类，却是城市的成员——就会引出新的问题：我们希望让它们做什么决策？针对这些决策，必须建立何种质疑程序？这些问题能让我们更好地思考该如何与算法共存。

算法的职责

算法会作恶吗？可惜，这个问题的答案毫无惊人之处：正如任何一种工具一样，算法也有双面性，它可以是最好的东西，也可以是最坏的东西。例如，大多数人每月会收到一张由算法产生的工资单，但是，修改这个算法非常容易，还能根据国籍、肤色、性别、政治立场来给某些雇员增设奖金。无论这是人类所为，还是算法所为，这种歧视都是不道德的。

善还是恶？同样的海量数据分析算法既可以让医生定制治疗方案，挽救生命，也能让政府机构秘密监视公民，践踏公民隐私权。

如果一个算法作恶，比如当算法对人产生歧视时，它有道义上的责任吗？为算法辩解一点也不难，因为算法本身不含任何意图。在对某些雇员发放优待奖金的例子里，歧视的意图来自算法的设计者。因此，算法不是道德主体，我们只能将责任归咎于那些设计、装配、参数化、选择、部署和使用算法的人。

因此，算法的行为责任落到了那些设计它、使用它的人身上。对这些人来说，他们应当注意任何在道义上会受到谴责的算法行为，并在出现问题时承担起自己在道德和法律上的责任。

通常的想法很简单，但是，当考虑到特殊情况时，问题就会变得很复杂。其中一个原因是，有时同时运行几个算法（甚至数以千计），算法相互作用、交换数据、提出理由并最终做出决策。我们就举下面三个例子：无人驾驶汽车、私人数字助理、金融产品的买卖。

车里有司机吗?

在无人驾驶汽车里，汽车通过算法驾驶。车上的传感器实时对周围环境进行分析，包括道路、其他车辆等。无人驾驶汽车同时也会与其他媒体进行对话，如信号灯。然后，算法决定汽车需要做什么：刹车、加速、打开前大灯，等等。算法会控制、执行这些操作命令。而乘客只需要享受旅程。

在这样的汽车里，是算法在驾驶，它替代了人类司机的角色。但在这个例子中，我们不应该被故意拟人化的属性所误导——正如之前所说，为这个算法的行为负责的该是其设计者。

无人驾驶的地铁和无人驾驶的飞机已被广泛部署、使用，但无人驾驶汽车还很少出现在真正的道路上。而且，对此持怀疑论的人仍然众多，他们认为，自己永远不会使用无人驾驶汽车。当然，肯定有一些技术问题是有待解决的。还有另一个原因让无人驾驶汽车的推行延迟了：我们不知道应该给"算法驾驶员"制定怎样的规则，才算是"好的"驾驶行为方式。

例如，如果算法驾驶员必须选择，杀死两个行人或牺牲车里唯一的乘客，才能免于一场大事故，这时它应该怎么做？它应该忠于汽车里的乘客，还是尽可能挽救更多人的生命？

这些都是全新的问题。自汽车诞生、发展以来，人类司机经常要面临着这样的两难困境。但是，他们通常仅有几秒钟的反应时间，所做的都是没有经过思考的下意识行动，因此，人类司机并没有过多自问道德上的问题。当我们坐在出租车上的时候，我们几乎不会问司机，当遇到上述情况的时候，他将怎么处理。但当我们设计一个算法驾驶员的时候，我们必须提出并回答这类问题。

另一个拖延无人驾驶汽车发展的问题是，在出现事故的情况下，法律责任归属的问题。我们很难去指责在车上悠闲看风景的乘客。而且，指责算法本身也没有多大意义。责任应该在集体决定要用这一算法来驱动汽车的法人与自然人之间分担。汽车的制造商？开发算法的公司？编写程序的程序员？许多人都可以承担一部分责任。然而，如果错误涉及从另一个公司购买的软件呢？如果不是程序本身的错误，而是算法的规范性太差，而恰恰是一个糟糕的规范导致了事故呢？又或者，事故是算法的规范没有预见的一种情况呢？

人们在这些问题上进展缓慢。不难预见，这类问题恐怕会引发惊天的案件——这些重大案件会让律师和法学家们摩拳擦掌吧？但不管怎样，大家仍在摸索前进：一些汽车制造商，如沃尔沃，已经宣布愿意在发生事故时承担一部分责任。

一旦考虑到特殊情况，比如在发生事故时，算法的行为问题就会面临道德困境，法律责任的问题也会变得复杂起来。

这就是说，也许存在一种悖论，与我们看来是理所当然的事实相互矛盾：我们本以为，在允许无人驾驶汽车行驶在大街小巷之前，回答上述问题尤为重要；然而当下，人们却接受在有致命危险的道路上驾驶——这些道路上充斥着大量的危险驾驶员，他们有时既没有驾照，也没有保险。我们期待能有一辆无人驾驶汽车，它不仅仅要和人类驾驶员一样驾驶汽车，还要比最优秀的人类驾驶员驾驶得更好！所以说，无人驾驶汽车迟迟未出现，那是因为人们对它寄予了厚望：我们不仅期待它拥有可接受的行为方式，更期待这种行为方式是无懈可击的，即使我们自己都不知道它究竟是什么样子的。

私人数字助理

第二个例子是私人数字助理，比如 Siri 和 Google Now。这些软件伴随我们的日常生活，安排约会行程、制定旅行计划、管理银行账户，等等。这些软件满足了用户真正的需求，因此，在人们的生活中占有重要的地位。

为了正常运行，这些软件试图尽可能多地获取关于我们的数据信息：我们会特意提供数据；也有来自传感器的数据，例如全球卫星定位系统；我们的朋友在社交网络上追踪我们的状态更新；供应商，如网上书店，探知我们的文学品味。有时，我们并没有意识到系统在收集这些数据，有时甚至都不知道这些数据将用于何处。

私人数字助理和无人驾驶汽车一样，多年来备受众人期待，却发展缓慢，表现也让人失望。为什么会这样？直至不久前，大多数重要信息只存在于我们的大脑中，因此限制了私人数字助理系统的发展。但这已经不再是理由了。如今，各种数据都以数字形式呈现。那么，为什么数字助理系统部署得如此缓慢呢？

有一个原因导致了这种迟缓现象，这就是问题的复杂性。随着可自由处理的海量数据的出现，问题变得复杂起来。例如，当有数以千计的事件发生在我们身边时，数字助理很难从中筛选出应该通知我们的那一小部分信息。它先要了解现有的可用信息、图像、自然语言文本……这并不简单。然后，它要了解哪些是我们感兴趣的信息。这些任务都是人类助手或多或少能做到的。但对于机器来说，却极其复杂。此外，由系统恢复的信息质量非常差：这些被恢复的信息不仅不完整、不精准，有时还不正确，尤其当这些信息大部分由主观意见和感受组成的时候。卡米耶所说的餐厅真的很棒吗？卡米耶真的如克劳德所说的那样，心情很好吗？私人助理必须管理每个人的印象、谎言、情绪、冲突、喜好……所有这些都增大了问题的复杂度。所以，私人数字助理仍无法令人满意。这个课题还处于研究阶段。

但是，对于私人数字助理来说，其发展的最大阻碍或许是因为私人信息分布在大量的系统中，如博客、社交网络、网站等。这些系统以不同的标准、不同的编排方法、基于不同的用语存储这些数据。目前，要拥有一个高效的私人助理，必须将所有数据都委托到一个系统中。但是，人们极不愿意把自己的所有数据都委托给谷歌、Facebook或者苹果。否则，大家只能任凭自己所选择的公司摆布，这是相当可怕的事。想象一下，我们的私人助理不愿意与竞争公司开发的软件进行沟通，或者，它向我们隐瞒了某些信息，因为这些信息与所选公司的政治或宗教理念不一致。再想象一下，私人助理故意使我们疏远了某些朋友，就因为这些朋友选择了竞争公司的私人数字助理系统。甚至于，它将我们的私密信息高价卖出给他人……假如某家大型公司将这样的私人数字助理系统投放到网络上使用，将会敲响数字化自由的丧钟。

如何定义一个私人数字助理应该有的道德品质？我们所幻想的私人数字助理应该有的道德品质是，它只为我们提供服务，而不为创建它的公司服务。但"服务"又意味着什么呢？

证券交易所与计算机

在金融领域中，决定购买和出售金融产品的算法，长久以来一直是市场的主要参与者。因此，想要讨论算法的"职责"问题，自动化交易是个很好的例子。

在2012年，我们目睹了股市暴跌。谁能为这场暴跌负责呢？是决定购买和出售的算法？是设计这些算法的计算机科学家？是使用算法的人？还是控制这些交易的算法？

越来越多的人把股市的风波归罪于算法的使用。据统计，第一次股市崩盘发生在1937年，远远早于自动化交易的出现。可见，将股市暴跌的责任归结到算法头上，或者开发算法的计算机科学家身上，暴露了有些人对经济史的无知，或是希望推卸责任的念头。毕竟，市场是按照人类定义的规则来运作的，而算法只能在这些规则中发挥作用。

然而必须承认的是，委托算法决定购买和出售股票，可能会导致金融市场疲软。这是因为，算法的行为不同于人类，其规则已经设定好。算法做决定比人类快得多，在选择上也极其一致，而且算法比人类更不受控，也会犯错误。

与其对算法进行不必要的指控，还不如创建金融市场的全新规则，以此来解决问题。这些新规则要考虑到各种算法的特性，同时，应当鼓励银行重新肩负起组织储蓄市场的历史功能，而不是依靠算法获得短期收益。在过去，很少有交易者在买进一个金融产品之后，不到一秒钟就又卖出了。如果交易者的这种"惰性"能对市场产生积极影响，或许我们应该构思一个规则，避免同一种证券在一秒钟内被出售和购买数千次，比如，我们可以规定在一定期限内禁止出售某些证券，或征收交易税。

尽管以上三个例子各有不同，却都展示了算法既可为善、也可为恶的本质。只有当我们能确保算法不会"胡作非为"时，才能放心使用它。我们不能让无人驾驶汽车把道路变成野蛮的丛林，不能让私人数字助理被用户以外的其他人的利益所驱使，也不能让金融市场坐上忽高忽低的过山车。

个人数据和隐私

隐私权为什么成了算法时代的一个核心问题？

前面已经说过，计算机的使用让从前只能在人类大脑里运行的算法脱离出来，在大脑外部的世界运行。同样，计算机也能在大脑外存储我们曾经烂熟于心的信息。人们访问这种"外包信息"的方式越来越复杂：电子记事本、搜索引擎、数据库管理系统，等等。因此，就像文字、字母表和印刷术一样，计算机科学促成了人类智力功能的大规模"外包"，这一趋势尤其和人类的记忆息息相关。

对于那些经常忘记约会时间和电话号码的人来说，这简直是遇到了大救星。但是，这种智力功能的外包也带来了问题，特别是，它改变了隐私的概念。

个人数据

我们在电子邮件、博客等地方写下文章。别人也写下评论，谈论我们的文章。我们用手机拍摄照片、听音乐、看电影、买东西，在社交网络上查阅朋友的网页和账户，有时候，还对朋友发出的内容做出评论。手机里的全球定位系统会记录我们的行程路线。所有这些数据都在为我们提供信息。

计算机系统让拥有众多来源的数据相交，并从中推断知识——关于我们的海量数据堆积如山，随处可见。有些信息是真实的，有些则并非如此。有些是客观事实，有些则是主观意识：有人会觉得我们咄咄逼人、忧郁或者幽默。有时，我们希望删除某条信息，因为它们暴露了我们想要保密的一些事情。但在算法时代，想要保守秘密很难，而堆放这些数据的地方往往也忘了保守秘密这件事。甚至于，我们根本没有要求保密的权利，因为我们只掌控数据的一小部分。在很大程度上，我们甚至不知道数据的存在，也不知道别人是怎么弄到手的。

定义数据的"所有权"非常难，数据往往会涉及好几个人。发布在社交网络上的一张照片涉及拍摄这张照片的人、照片中出现的人、发布这张照片的账号所有人、评论这张照片的人，以及在评论中被提到的人，等等。发布照片的账户所有人远非这张照片唯一的"所有人"。与其定义这种"所有权"的概念，还不如尝试了解哪些规则可能支配这些数据的收集、存储、交换和使用，更为有意义。数据涉及很多人和机构，特别是政府和企业。

政府

政府和法官并没有等到算法时代来临，才学会如何监控自己的子民。例如，早在 20 世纪，法官就可以下令窃听一名罪犯或犯罪嫌疑人的谈话。政府常常也会做和法官一样的事。但是，由于窃听谈话必须花费大量时间，这种监控的功效十分有限。

"多亏了"计算机和机器学习算法，政府现在有能力大规模监控整个人口。情报部门的计算机对收集的大量数据进行统计分析，监测可疑行为。如姓氏、名字、地址、出行记录、接触对象，甚至看的电影和听的音乐，都是能用来描述个体的元素。基于纯粹的统计结果，算法能分析出是否存在可疑行为。

比如，一个无辜的人碰巧和杀人犯住在同一栋楼里，并曾在一个发生过骇人罪行的村庄里度假。孤立地看，这些"迹象"并没有任何价值。但是，这些迹象被整合起来后，会建立一组概念，并将这个人视为社会的潜在风险。不幸的是，监控的范围越大，"误报"的数量就越大，也就是说，错误的随机统计数据造成的冤案就越多。然而，真实的罪犯数量毕竟有限，有理判定的犯罪嫌疑人的数量也就相对较小。

堂而皇之地进行大范围监控，理由从不难找——有组织犯罪、恐怖主义、贩卖人口……鉴于恐怖主义影响所推出的法案，如美国在2001年推出的《爱国者法案》和法国在2015年推出的《情报法》，都令这种大规模监控变得合法化。但人们必须意识到，这些法律会迅速催生一个可怕的独裁"老大哥"。

据专家介绍，反恐斗争的结果相当令人失望，但情报官员们仍抱有希望，期盼有一天通过分析收集到的数据，得到更好的结果。从技术角度来看，这的确有可能……当然，除非罪犯改变自己的行为方式，开始保护自己的数字痕迹，例如通过加密通信，或使用 Tor 等工具匿名登入网络。

在恐怖袭击的恐慌中，人们草率地投票通过了这些法案——恰恰是我们削弱了自己的最基本权利，特别是保护个人隐私的权利。对这种监控的效力提出质疑，对监控加以限制，把监控置于独立司法机构的控制之下，是大家共同的责任。

企业

政府并不是唯一对我们的个人数据感兴趣的机构。企业也明白个人数据的价值，特别是对于网络的主要参与者来说。互联网用户会一直被迫处于被观察、被分析的状态吗？

有一个例子说明了这种观察和分析带来的困扰。2002年，零售公司 Target 通过分析一位年轻女士的购物情况，利用算法推测出她可能怀孕了。随即，公司向她家中发送了婴儿服装和婴儿床的优惠券。这位女士的父亲收到这些极具针对性的广告后，才获知自己女儿怀孕的消息。如此野蛮入侵一个家庭的隐私，这种行为是不可原谅的。但是，除了发送骚扰广告，该公司能推断出如此隐秘的个人信息，这一事实更令人不安。

在美国，比起生活在条件较好地区的互联网用户，生活在贫困地区的用户所购买的订书机价格较高。遭到指责后，企业最终解释说，这是因为后者远离文具店，因此他们做好了支付更多费用的心理准备。以大家的居住地址来确定一个物品或服务的价格，这种现象正常吗？想象一下，我们现在处于一个露天市场里，与我们讨价还价的商贩假如获取了我们所有的私人信息，我们注定将处于一种非常不利的谈判地位。

这些问题会被忽视吗？人们甚至没有仔细阅读使用条款，就急着接受并签署了协议。我们在保护个人数据方面表现出了很多轻率的行为，"隐私末日论"者情愿相信，人类已经准备好接受自己的个人信息被公之于众。他们试图说服大众，比起年长的一辈，年轻一代对这一问题不那么敏感，甚至暗示，隐私是一个"旧弊"。

但现实情况更为复杂。首先，无论老少，我们不是每次都能意识到问题的严重性。其次，假如用户在没有阅读使用条款的情况下，就接受、签署了协议，往往是因为别无选择：我们想要访问一个服务，而且再没有其他人能提供相同的服务，并保证保护我们的数据，那么，大家只好盲目地接受该服务的协议。假如我们有更多选择，大多数人当然更愿意选择能保护私人数据的服务。因此，是否有可能既为互联网用户谋得相同服务，又能保护个人数据的机密性？

要达到这一目的，困难是双重的。首先，个人数据有时被用于提高服务的质量。例如，某些应用程序能告诉用户，城市中哪些路段是拥堵的，但如果应用程序不知道我们的汽车在哪里，就做不到这一点。事实上，即便在不收集个人数据的情况下，仍有可能开发相同的服务，例如通过匿名的应用程序收集数据，但这相对来说会更复杂。程序开发人员常常满足于简单的解决方案——在激烈的竞争下，越来越多的公司不得不迅速推出新产品。另一个困难来自一些大型企业开发的经济模式，它们提供了搜索引擎或社交网络等服务。这些大企业建立了"双面市场"：一方面，它们用免费的服务换取用户的个人数据；另一方面，它们立刻将数据转售给另一类客户，如广告商。

还有其他商业模式，如个人信息管理体系（简称Pims）。用户与其将服务委托给贩售个人数据的企业，还不如选择在Pims中亲自管理自己的个人数据。当人们既没有欲望也没有能力自行管理数据时，才会将这项任务委托给一家企业。如果使用 Pims，我们是将数据的商品化从一家公司转移到了另一家公司吗？并非如此。普通服务提供商的商业模式主要基于客户数据的商品化，相反，Pims 的服务提供商与客户之间签订了协议，协议规定必须保护客户数据的机密性。类似 Pims 这样的系统仍然很稀缺，但这种方法的发展前景很广，尤其，它还展示了其他方法的可能性。

今天，技术将我们的个人数据分发到四面八方，明天，同样的技术还可以建立截然不同的系统，尊重个人数据的机密性。技术绝对不会强制要求公开此类数据，仅仅是当前的经济模式，加之我们懒于思考，才导致自己被迫接受了数据公开化。这些模式可以改变，新的模式可以出现……只要大家下定决心。

医疗数据

在所有的个人数据中，有些数据更敏感，其中最敏感的是医疗数据：体检结果、诊断、处方……自 23andMe 等基因鉴定公司问世以来，医疗数据又补充了基因组数据。这类公司建议我们花几十美金，对个体基因组的重要部分进行测序，预测自己的健康状况。当然，我们的健康还取决于其他因素，如饮食、药品、烟、酒、体能锻炼、曝露在污染下的程度，等等。我们经常自愿传播这类信息，例如在社交网络上。总之，这些数据在很大程度上定义了我们现在和未来的健康状况。

在电子病历中收集数据，人们等待这项技术已经很多年了。一份电子病历会带来很多好处。首先，医学研究会大受裨益，例如，对大量病例的分析可以揭示某些药物组合与某些病状之间的关系。其次，电子病历会给病人带来很多好处：避免不必要的检查，减少误诊的风险；当病人换医生的时候，防止病人的医疗记录消失。从长远来看，每一个病人都可能拥有自己的数字模型，实现个性化的治疗。

但是，电子病历的推行一再延迟，原因就是相关数据太敏感。保险公司和银行是否有权访问客户的医疗和基因组数据？是否有权访问客户的体育活动史？这些医疗数据都十分私密，因此，保险公司不允许根据投保人的健康状况数据来调整费率，即使得到投保人的同意也不行。相反，研究人员应该利用这些数据来推动医学事业的进步，而护理人员也可以借此提高护理质量。

所以，彻底封锁健康数据是不可取的。但我们必须决定"谁能获得什么数据"，特别是要确定数据要用来做什么。同时，我们还必须开发必要的技术，以便在保护个人隐私的同时，大规模地分析数据。

数字存储器

最后一个例子也许最让人惊叹：如何保存我们的记忆？这似乎有点矛盾：对我们的记忆进行数字化处理，把记忆从人类大脑的极限中解放出来，比如突破存储进程的限制，赋予记忆无限的可复制性和潜在的不朽性；然而，我们会因此承担轻易失去记忆的风险。

看看人们在 20 世纪拍摄的胶片照片。我们经常把照片放在抽屉里保存几十年。有些照片已经稍有褪色，却显得更有魅力。再过几十年，照片很可能还在那里。但是，我们上次度假时拍的数码照片如今怎么样了呢？ 10 年之后我们还会保存着它们吗？这可说不好了。首先，磁盘或闪存这种存储介质没有纸更耐用。况且，这些数字图片使用的文件格式往往很快就会过时。我们堆积的信息乱七八槽，当计算机、电话、存储系统发生故障或产生变化时，我们丢失的某些记忆也许再也找不回来了。

永久性数字存储器在技术上是可行的。我们完全可以备份照片、定期更新硬盘、不断复制信息、保留查看所有数据格式的软件，或者将数据从过时的格式转换为最新的格式。但这是有代价的，尤其是时间上的代价。

我们大可不必为无法好好管理自己的数字存储器而感到羞愧，许多企业和行政部门也没能做得更好。长期数字存档的解决方案仍处于起步阶段。因此，即使在出现电子信息交流的方式之后，企业和行政部门仍旧经常使用纸质档案来保存自己的记忆。

一个技术问题可能隐藏着另一个问题。在拍一张照片需要花费好几法郎的时代，我们每年只拍几十张照片，即使把它们都保存起来，体积也很小。现在，我们每年能拍摄几百甚至几千张照片，却引发了一个新的问题：如果我们希望未来10年内仍能保存这些照片，不让自己淹没在记忆的海洋里，就必须学会选择想要保留的东西。矛盾的是，有了算法的帮助，我们不但无法增强记忆力，反而还要学着成为自己个人数字世界的档案保管员。

个人无意识和集体无意识

科幻小说家梦想着超级智能计算机的诞生，但他们之中很少有人幻想集体知识的出现：数十亿台互联机器存储着关于人类的信息，交换着这些信息，从中提取知识，并告知我们。这是我们想知道的关于每个人的一切知识，甚至更多。

计算机系统通过交互分析所有个人数据，可以发现某个人想要隐藏甚至忽略的个性特征。在某种程度上，这些海量数据分析算法能够直接访问我们的无意识。如同精神分析学家一样，算法对我们所使用的词语、词语的联想和相关性等更加感兴趣，而不太关心言语的逻辑性。算法可以预测我们想要购买什么商品，但我们自己恐怕都没有意识到这份欲望。

今天，个人的无意识被掌握在算法手中，而集体无意识也有待探索。政府及企业的入侵，时间的无情流逝，都让我们看到了个人数据面临的风险。然而，在个人或集体层面上的解决办法是存在的。对于各国政府来说，替个人数据寻求更多保护，这首先是一个政治问题。对于企业来说，解决办法首先是一个经济问题——这不足为奇。而在与时间赛跑的过程中，解决方法首先是个人问题：应该由我们来决定，自己想记住什么。

公平、透明、多样

我们对于身边的算法总怀有期待。例如，我们希望算法是"公平的"。有些特性是算法与人类和平共处，并在城市中营造信任氛围的关键要素。更重要的是，当算法行使某些权力时，比如决定是否放发银行贷款时，这些特性尤为重要。

人们期望算法拥有的特性究竟是什么？

公平

关系到个人的决定时，如果算法想做到公平，就必须有意识地忽略某些信息，比如这个人的性别或种族。这就是"蒙住双眼"的正义。

我们往往很难确定，人类所做的决定公平与否。例如，如何断定某家高级餐厅的主管没有把最好的位置留给了最有名望、衣着最光鲜、样貌最佳或是符合其他条件的客人？就算是本书的两位作者，我们能完全确定自己在一场面试中没有因为着装而无意识地偏袒了某位考生吗？

用算法来取代人类餐厅主管或者主考官，更有利于公平，因为当用程序表达一个算法时，一切流程都必须被明确表达出来。当然，我们完全可以做点手脚，在设计餐厅预定服务网站时，利用算法搜索顾客的名字，看其是否包含在一个姓名列表中，并根据搜索结果选择餐厅中的某一个桌位。比如，名为巴巴卡尔、芳格、法蒂玛、摩西的顾客会分在一个桌位上；而名为吉尔、玛德琳、玛丽、塞吉尔的顾客会分在另一个桌上[1]。这种区别方法永远是不道德的，而且有时是不合法的，例如某家银行向少数民族客户提供不同的利率。

有些偏差很容易被检测出来。通过分析表达算法的程序，我们很快就能发现，在一个数据库中，让银行决定是否发放贷款的算法所做出的决定是否基于带有宗教色彩的价值观。但是，有些偏差就比较难以察觉，例如，当这类算法分析一系列数据时，如申请人的名字、国籍、饮食习

---

[1] 前一组是法国伊斯兰教徒的常用名，后一组是法国基督徒的常用名，从名字中可以看出不同人的宗教和种族。——译者注

惯等，算法计算一个变量乘以 244，并利用结果作为决定的依据，而这个变量可能"碰巧"与申请人的宗教信仰密切相关。

因此，在分析这些算法时，我们必须加倍警惕。

透明

比起"势利眼"的餐厅主管，不公正的算法更容易被指正，因为在算法的表达式中，所有的流程都被明确地表达出来了。然而，为了指出算法的不公，我们需要知道它是如何工作的。这就牵扯到算法的透明性问题。

为了弄清这个问题，我们必须先区分几种类型的算法。对于某些算法，就像人类大脑用于区分狗和猫的符号算法或者非符号算法，我们不需要知道它们是如何工作的。阐明图像识别算法，并观察大脑的工作方式，就能让我们逐渐理解它们。算法表达式固有的明示要求，表现为算法的透明性。

相反，如加法和乘法等算法，在几千年的历史长河中被人类所用。我们很清楚这类算法是如何得到结果的，因为我们可以一步一步地计算出来。但是，通过计算机运行算法，就失去了部分透明度。计算机仍然可以一步一步地计算一个简单的算法，仍然可以解释每一步的计算结果，例如，OpenFisca[①]用于计算税收和社会福利。但是，当计算机执行100万个操作才能得到一个结果时，即使我们知道具体操作是什么，在理论上也可以手动算出每一步的结果，但我们有时仍会对结果感到惊讶。大规模数据分析的算法经常如此：设备获取数据，对几太字节（TB）的数据进行分析，由此决定一条道路该不该被设为单行道，这需要数以百万计的操作，实在难以彻底解释清楚。计算机所实现的计算的复杂性，表现为算法的不透明性。

总之，算法的设计者可以与用户共享算法的秘密，也可以保守秘密。例如，如果某家餐厅决定对自家网站上使用的订位分配算法保守秘密，算法的解释就不再具有透明度。鉴于算法的复杂性，这种不透明性很难改变。但是，大家有权要求公布与自身息息相关的决策。

对比来看，数据分析长期以来是科学方法的一部分，

---

① OpenFisca 是法国一个开放的社会财政微型仿真系统，可以计算出社会福利、家庭税费支出，并模拟出改革方案对财政预算的影响。

——译者注

研究人员十分清楚使用这些数据和采用透明的分析方法有多么重要——假如他们希望自己的成果被科学界认可的话。这对做决策的算法来说也一样：透明度有助于营造一种信任的氛围，引导大家接受算法的结果。

遗憾的是，在生活中，我们接触到的许多算法都缺乏透明度：法国《情报法》放宽了安装情报"黑匣子"的标准；法国政府最近向公众公开，法国大专院校入学许可系统平台（简称 APB 平台）[①] 所用算法隐藏着种种秘密；多年来，社交网络对个人数据的利用手段晦暗而混乱；还有搜索引擎页面排名背后的黑幕，等等。

然而，透明度其实是一个很容易实现的目标，比如在法国 APB 平台的例子中，只需发布表达该算法的程序就够了。即使这个程序很复杂，专家也可以对其加以分析，并根据实际数据对算法给出的数据进行测试，最终阐明算法的运作方式。人们已经开始认识到算法透明度的重要性，例如，法国在 2016 年推出的《数字化共和国法案》

---

① 法国大专院校入学许可系统（Admission Post Bac），是法国高等教育机构与学生的资讯交流门户，让所有希望接受高等教育的学生进行预注册、填写志愿、获得个人化建议。——译者注

中就提及了"开放公共算法代码"。

比起与人打交道，我们在与机器打交道时，对透明度的要求更苛刻。这么多年以来，当人们决定给穷人分配的福利定额时，并没有对自己的决策做过多解释。当APB平台决定中学毕业会考合格者的未来时，也同样不够透明，但很多人要求把该项目的算法程序公之于众。

大家对算法的透明度无比苛求，有一部分源于人类对机器的不信任。但真正的原因是，比起人类，算法更容易实现这种透明度。因此，算法时代的来临有助于提高城市运作的透明度。我们必须抓住这个机会。

多样性

算法越简单，就越有规律性和一致性。

在海量数据分析中，算法很自然地倾向于每次都做出最常见的选择。例如，在某种程度上，电影推荐算法会把看过电影的人数作为依据：看过的人越多，推荐越多，而推荐越多，看到的人也会越多。有了这样的算法，大家会扎堆观看同一部电影，甚至不知道还有其他电影存在。这样一来，电影创作的多样性就有被扼杀的危险，令人眼前一亮的好作品也会就此消失。Netflix 使用的推荐算法更复杂，但它们只改进了喜好的概念。这些算法是基于与我们观点相似的人群的意见而设计的，所以，它们喜欢推荐那些与我们品味接近的人看过的电影。我们被一场电影或一本书"所震惊"的机会也就更小了，永远无法突破自己的品味选择。

然而更重要或者说更正确的是，不要忽视那些小众的选择。有些小众的想法最终都能使众人信服，比如日心说。在交友网站上，就时常有少数人在排名中占据高位，并最终获得了相当大的优势，尽管这种优势或许显得莫名其妙。同样，在社会融资平台上，少数项目有时能吸引所有注意力。这可能会限制相关体系的"生产力"。

多样性解决方案已经开始涌现，例如引入随机性（见"算法的方法"一节）、根据主题重组答案，等等。

可信度

如果城市的成员彼此之间没有任何信任，城市就不能运转：如果我们不相信银行，就不会往银行里存钱；如果我们不相信其他汽车，就不敢驾驶车辆。同样重要的是，我们要信任每天在城市中与自己交互的算法。

算法的公平性和透明度，算法对多样性的关注，以及算法的可靠性和安全性，都是建立这种信任感的重要属性。但是，不同城市成员之间的对话也是营造信任氛围的一个重要因素。例如，算法的用户必须更好地筹划如何与企业进行对话，选择最佳做法，防止不公平或不透明的行为。在 2012 年，围绕 Instagram 的纷争显示了用户们的影响力：企业在没有明确告知其一亿多用户的情况下，擅自改变了隐私政策；用户们群起抗议，最终迫使企业做出了让步。

显然，各国政府也要发挥作用，参与制定关键的原则框架，进行宏观性的指导，构造一个机器和人类共存的信任氛围。欧盟就正在尝试这样做。

更好地彼此了解

提高互信的最后一个要素，是让城市成员之间彼此了解，让人类和算法相互理解，这里还有许多工作要做。算法提供的界面常常过于复杂、死板、难用。这表明，算法对人类的期望不甚了解。好消息是，界面正在不断改进，有些界面甚至尝试分析用户的情绪，并加以适应。

但是，互相理解必须来自双方的共同努力。人类和算法的情况当然不是对称的：首先对算法来说，它要适应人类；但对人类来说，更好地了解算法的性能也十分有意义，例如理解什么是自由软件、机器学习，等等。

公平、透明、便利、尊重多样性……这都不是什么新概念。几个世纪以来，民主国家一直尽其所能地保障公民的各种权益，而算法可以令其发扬壮大。算法能够比人类更公平，可以在行政程序中带来更多的透明度，同时考虑到成员的多样性，提供更个性化的待遇。但是，算法也可以做出完全相反的事情。

迈入算法时代后，人们在多样化的社会组织中有了更多选择。这也赋予了我们更多的责任。算法在根本上并不是公平、透明的，然而它们也并非不公正、不透明……我们怎么创造算法，算法就会呈现出什么样子。我们完全可以决定自己的生活方式，尽管在一个由巨型企业主导的世界中，这还需要付出巨大的努力。

"知道我的朋友怎么称呼你吗?'机器人极客',因为你用算法把我们都迷住了。"

"我也可以给你起个绰号,我想称你为'环保小姐'。"

"为什么?"

"因为你对生态环保充满热情啊。"

"在生态学和计算机科学之间,是爱还是恨?"

"两者都有一点,而且可能还伴随着大危机。"

"快讲讲吧!"

计算机科学与生态环境

  算法改变了人与自然的关系，甚至改变了大自然本身。于是，人们开始探索计算机科学革命与当今世界变革的另一个因素——生态转变之间的联系。

  这两个变革是在同一时代发生的，作为生在这个时代中的人，我们应当看一看它们之间如何相互作用。但是，分析这种相互作用很困难，因为计算机思维过于独特，而生态学思想也不简单。人们试图寻找一些方法，让计算机科学和生态学相互结合或形成对立，但常常只能停留在表面，让一些计算机科学家和生态学家友好交流，或者针锋相对，仅此而已。然而，我们有希望能确定一些全球性趋势，借此超越不同变革之间的差异。

算法与气候变暖

  自 20 世纪 60 年代末起，人们就已经采取了与当前环保模式十分相近的环保计划。从 20 世纪 80 年代末以来，环保计划的主要行动之一是与大气和海洋的变暖现象作斗争。在很大程度上，大气变暖和海洋变暖的论点源于科学方法的革命。这场革命发生在 20 世纪 80 年代——算法模型的大发展年代。新的气候研究模式使人们得出一个结论：在未来，大气和海洋将会变暖。正是在这样的模式下，政府间于 1988 年成立了解决气候变化问题的专家组，研究工作得以开展："提供与气候变化相关的科学、技术、社会经济状况的详细评估，探知气候变化的起因、潜在影响和避免策略。"

如果人类保持目前的发展模式不变，这些模型除了预测气候变化，也可以评估缓解大气和海洋变暖的虚拟策略的有效性。例如，我们只需改变算法模型里的某一个参数，如二氧化碳或二氧化硫的排放量。如果人类设法限制或增加这些排放量，就可以评估这些气体排放量对大气和海洋的温度可能造成的影响。因此，计算机科学成为研究气候变化不可或缺的工具。

算法与复杂系统

计算机科学也是管理复杂能源系统的必要工具。在

20 世纪，人们为了发电通常会建造大型发电中心，如核电站或水坝，然后把发电中心生产的电力分配到广大地区。这种设备组织相对而言比较简单。

今天，可持续发展的道路更需要本地化的能源供给方案。但是，本地化方案会更复杂。如果我们想在本地发电并在本地进行电力分配，也就是说，尽可能让电力传送最小化。这就需要许多不同的电力生产单位彼此合作：太阳能电池板、风力发电机、热力发电站等，必须快速、连续地适应需求的变化；此外还要管理多种联系和约束关系。这一切只能通过算法来完成。

例如，一个"智能"电网允许大量的消费者和供电局交换电力，这十分类似于计算机网络的数据交换。这种网络必须不断地让生产与消费相适应。只有复杂的优化算法才能担此重任。也许，我们可以在没有计算机的情况下运转一座核电站，但一个智能电网绝对少不了计算机系统。

生态环境保护不但要求电力生产实施分散操作，在其他领域中也是如此，例如推行地方性农业生产。这也催生了复杂的生产和分配系统。只有依靠优化算法、流管理系统、社交网络、互联网服务等，才能成功推进这种经济模型。

耗电量计算

现在讨论的这个话题，没能在计算机科学与生态学之间建立太多共识，反而触发了两大阵营的对立，这就是计算机的耗电量问题。

早期的计算机，如电子数字积分计算机，其消耗的电量相当于一座小型城市的总耗电量。今天，手机比电子数字积分计算机更强大，但耗电量微乎其微。计算机消耗的电量越来越少，而计算机的数量却越来越多。因此，从整体而言，将数十亿的手机、平板电脑等所有这些数据中心包含在内，它们消耗的电量将会很大。这种电力消耗所对应的二氧化碳排放量占大气中二氧化碳总排放量的2%。这肯定比地区供热或汽车运输带来的排放量低得多，但是，已经相当于航空运输的排放量了！人们需要进一步思考，如何减少这种电力消耗。

有人建议我们避免发送不必要的电子邮件，或者避免在邮件中加载过大的附件。但是，如此节约的成果是微不足道的。到2019年，80%的全球贸易将通过互联网视频进行。有没有添加附件的电子邮件仅占据了数据流量的一小部分，因此耗电量很小。相反，优化视频的流量将产生不可忽视的影响。大多数时候，我们所观看的视频流媒体的服务器位于地球的另一端。因此，视频从服务器端传输至每个人的家中，在电力方面是一笔很大的费用。如果我们能在自己家附近的服务器上找到相同的视频，例如，借助最近看过该视频的邻居家的服务器，这样一来，输送流量所需的电量要少一些。这种"对等流媒体"的解决方案尚未广泛部署，然而，其节约能源的潜力很大。

另一个研究出来的想法是，回收计算机产生的热量。就像电暖气一样，计算机也将电能转化为热能。但是，不同于电暖气将发热作为主要功能，对计算机来讲，这只是一种副作用。这种转化是不可逆的：我们不能将这种热能再转化成电能。反之，我们却可以利用这种热能。冬天，我们在家里使用电脑时会发生这种情况：计算机在工作时产生的热量能为房屋供一点暖；因此，我们可以把摆放计算机的房间的暖气稍微调低一点，以此抵偿计算机所消耗的电能。

然而，数据中心的情况却并非如此：计算机发出的热量通过通风系统释放到大气中。因此，人们也产生了利用这种热量的想法，比如在冬天温暖附近居民的家。这种解决方案仍然很少见。但不难想象，在未来，计算机即使在没有进行计算时，也能取代电暖气，单纯地将电能转换为热能。

除了电力，计算机还需要其他资源，比如制造电池和屏幕需要"稀土金属"（如镧）。与其名字恰恰相反，这些金属在地壳中其实相当丰富，只是很难提取，所以显得稀有。而且对生活在矿山附近的居民来说，这类金属毒性很大。在一些国家，稀土金属是在极其恶劣的卫生条件下被提取出来的。然而另一面，计算机、手机、平板电脑等产品的使用寿命都相当短，很快就会变成废品，而且这些产品中现在只有小部分能够循环利用。

计算机科学在人类生活中占据着一个特殊位置，所以，我们在其发展过程中要考虑到方方面面：不仅要考虑计算机运转所消耗的电量，还要关注用来制造计算机的材料；况且，一旦计算机报废了，又该如何回收处理？毫无疑问，有一种解决办法就是生产更坚固、更耐用的产品。

价值观

许多计算机科学家和生态学家之间拥有相同的价值观。例如，他们一致认为人类通过自身的行动，可以改变世界。硅谷流行的那句有点讽刺意味的口号——"让世界变得更美好"，也可以变成一个环保口号。此外，自由软件和开放数据运动所倡导的团结与共享，同样也是一些环保运动的核心理念。

然而，计算机科学家和生态学家在"什么才是进步"的问题上，始终存在分歧。计算机思维在本质上是开放的、易变的。面对行业飞速的变化，计算机科学家有时甚至不会追究某件事是否称得上是一个进步。相反，生态学思想有时是保守的，例如，它提倡保护一成不变的大自然。

生态学和计算机科学的转化有一些交集，但同时也有冲突。这两者都是改变社会的强大因素，它们彼此之间的相互作用，将塑造我们未来的一部分。

"为什么你总是说，我的算法让你头昏脑涨？"

"我说笑的，说笑的……只是，我宁愿和朋友一起玩，也不愿去上计算机课。"

"但是，当你编写程序时却一心一意，从不离开屏幕半步。"

"我真的很喜欢编程！可学习计算机科学的目的是什么呢？"

计算机科学教育

在算法时代，几乎全世界都意识到在学校（尤其在初高中）教授计算机科学的重要性。例如，法兰西科学院在2013年宣布了"从小学到高中引入计算机科学教育的重要决定"。在美国，奥巴马总统在2016年宣布："在新的经济形势中，计算机科学不再是一种可选的技能，而是一项与阅读、写作和算术一样的基本技能。"

2012年，计算机科学教育从理工科毕业班的一次小心翼翼的教学尝试开始，重新出现在法国高中课程中，从那以后，这门学科渐渐发展到小学和初中。然而，仍有许多问题有待解决，特别是如何招聘有能力的教师。

学习计算机科学至少有两个动机：一是为了在算法无处不在的世界中生存，二是在这样的世界里工作。这两种动机并不对立，理解手机的应用程序是什么、是如何被开发的，这在专业和个人领域中都是有用的。再比如，理发师可以自行开发或者请人开发一个让顾客们预约理发时间的应用程序，他也可以用另一个应用程序来准备家庭度假。当然，两种动机的重要性随学生年龄的不同而有所不同：小学的天职更多在于帮助孩子们塑造自我，而高中生则要开始规划自己未来的职业生涯。

活在算法时代

学习计算机科学的动机之一，是为了让学生在未来世界里生存做准备。为了这个目的，我们必须向他们解释这个世界是如何运转的。今天，学校对 20 世纪的世界曾是如何运转的进行了大量解释。例如，电磁学使学生们了解了"那个时代"的电话是如何运作的。但今天的电话拥有数百万行代码，操纵着数字信息，理解这种电话就要理解驱动它的算法。

我们已经看到，计算机科学改变了工作、财产、政府、责任、隐私等概念。如今，没有掌握最基本的计算机科学知识，就不可能彻底理解我们的世界。正因如此，除了物理和生物等学科外，计算机科学也成为了必要之选。

工作在算法时代

上高中时，学生们开始为未来就业做准备。他们之中，有人将成为计算机科学家。计算机科学领域长期面临着人才稀缺的问题：在这个领域，市场需求巨大，人才供不应求。因此，必须培养更多的年轻人投身计算机科学领域。从信息系统负责人、软件开发者到网站设计者，这类职业依靠了众多技能，可以让具有不同才能——无论是数学能力、组织能力，还是艺术才华等——的学生大显身手。新的行业不断涌现，如"数据科学家"这一行业在几年前根本不存在。

这一职业展现了跨学科研究发展的趋势：一个数据科学家的工作是分析大量数据，他不仅要具备计算机科学领域的能力，而且在统计学，常常也要在数据分析领域中，拥有一定能力。例如，如果他专门研究数据新闻学，那么就必须学习一点新闻记者的工作内容。如何在多个不同的领域培养技能？只能通过长时间地学习和终身持续不断地培训。

除了专业领域，计算机科学的基础知识在其他行业也有用武之地：计算机科学的创新能力是企业竞争力的重要因素之一。这是真的。例如在汽车领域，软件开发是新型汽车设计的重要组成部分；在大型零售业领域，算法见证了网上购物的到来；在教育领域，网络课程已经改变了传统教育的授课方式；在农业领域，全球定位系统为拖拉机导航，等等。同样在研究领域，等离子物理学家经常花费大量时间开发仿真程序——当然，他必须首先是物理学家，只不过，如今他还得是一位计算机科学家。现在，不谈及算法，就再也不可能解释生物学、经济学、气候学等方面的诸多知识了。

能不能找到与计算机科学毫不相干的工作？出租车司机曾认为，从事自己这一行不需要知道任何计算机科学知识。但在 30 年时间里，他们经历了三次革命。首先是全球定位系统的到来，一个人即便不知道香榭丽舍大街在哪儿，出租汽车公司也敢雇用他，因为有全球定位系统能为他导航。其次，在线预约应用程序让出租汽车公司与乘客交换搭乘信息，出租车不再需要仅靠亮着"空车"的标识灯来招揽客人。这也促生了无运营许可证的出租车出现——只要汽车上有司机就行。最后，无人驾驶汽车的出现无疑会彻底改变出租车行业。在算法时代，行业变革非常快，每个人都必须懂得一点计算机科学，以预测和准备应对这些变革，而不是白白地遭受碾压。

教授什么？

界定新的教学内容并不容易：掌握哪些基本知识、哪些技巧是必要的？

正如计算机科学一样，所有变革迅速的领域都有一个愿望：永远成为引领潮流的风标，永远指导最新的创造。然而，一旦怀有这种想法，就势必要落后了。这就是为什么我们必须着眼于可持续发展的知识。学校不应偏爱最潮流的编程语言，而应教授编程语言的原理——将所有语言回归到基本结构，解释多元语言的原因等。当然，为了把这些知识付诸实践，必须学会运用一种或多种语言。但是，即使某些语言消失了也没关系，因为学生已经学会了编程语言的基本原理，可以掌握另一种语言。

20世纪50年代末，当学界先驱们开始在大学里教授计算机科学的时候，都是在摸索中前行。今天，人们虽然有了更多的好想法，但在制定计算机科学课的教学内容上却难以达成一致意见。总体来讲，基本知识的根基围绕着四大概念组成：算法、机器、语言和信息。除此之外，学生还应精通计算机思维的基本概念（见"计算机思维"）。

计算机科学的一个重要学习内容是学习编程。编程是把所学知识付诸实践的一种方法。然而，学习算法本身不能成为最终目的。计算机科学的教学目的并不是培养专家程序员。学生还需了解计算机科学如何改变企业，如何围绕信息系统来构建企业。学生还必须理解，计算机科学是如何改变其他知识领域的。比如在生物学领域：在第一阶段，计算机科学成了实现计算的工具，如全基因组测序；在第二阶段，计算机思想扩散到生物学中，计算机科学也用于描述和仿真，如细胞的运作。这种模式可以在许多其他学科中找到，如统计学、物理学、人文科学。算法语言因此成为一种统一科学的"通用语"。

如何教授？

2014 年，法国数字化委员会提出一份名为《茹费里 3.0：在数字世界打造兼具创造力与公平的校园》的报告，重申了从小学到高中教授计算机科学的迫切性。报告讲述了教授计算机科学的方法："计算机科学本身不适合作为理论教学课，理论和技术需要同时教授。这些课程假如同数学一样仅在黑板上教授，会导致很大一部分学生的排斥。在计算机科学教育中，最好的方式是通过实践项目，通常可以分组进行……"

让我们走进一所法国初中，旁观一节计算机科学课，简要了解一下。教室看起来更像一个开放空间，学生们三五成群地一起工作，力求达到一个目标，例如研究他们的城市在历史上的发展轨迹。研究数据可在网上查阅。学生们尝试使用了绘图软件，但结果并不像他们想要的那样。所以学生们决定自己编写一个程序，来图解数据。老师随即讲述了一个能达到目的的算法。学生们分析问题，提出解决方案，并对方案进行实验，借此发现了软件设计方法的基础概念。他们从与老师和其他学生的互动中，从自己所犯的错误中学习。课程结束时，学生们一拖再拖不肯下课，希望尝试最后一个主意，老师甚至要强行把他们赶出教室。这堂课是以历史地理学的项目为例，教师也可以选择物理学、生物学、文学、经济学等其他学科。学习计算机科学，也是打破学科之间障碍的好机会。

包容之心

法国的教育系统基于平等观念，但许多观察人士对越来越多的不平等现象感到不安。有些学生被抛弃，我们甚至给他们找了个新名字——辍学者。学校增设计算机科学教学课程，会不会出现学业的超负荷，会不会导致更多的辍学现象？我们不这样认为，至少有三个原因。

首先，计算机科学吸引了许多辍学者，他们找到了适应学校的方法。团队合作、实现具体目标、从错误中学习，这些能力让掉队的学生至少找到一种方法，摆脱落后的困境。有时，他们甚至觉得自己可以帮助别人走出困境。

其次，认识计算机科学的同时，也普及了一些数字工具，帮助辍学者赶上落下的一些基本学科知识。例如，出色的数字化环境可以辅助学习阅读、写作和计算。至少在某种程度上，许多人已经适应了使用文字处理软件的拼写检查器，查找书写错误。

最后，普及计算机科学有助于避免将计算机科学的对象和技能作为社会划分标志。家庭背景优越的孩子在校外能使用最好的计算机、平板电脑、手机，特别是，能接受计算机科学教育。而其他学生只能被排除在算法世界之外。学校的计算机教育能使所有孩子逃脱这种排斥。

■ 犹豫不决的发展历程 ——————————

法国的计算机科学教育历史始于 1967 年，发展计算机科学教育是"计算计划"[①] 的一个组成部分。紧接着在 1985 年，法国推出"全民计算机科学教育计划"，为学校配备大量计算机设备，培训计算机科学学科的教师。教学尝试不断推进，但当时，困难已经很明显——有能力的教师十分稀缺。1980 年，一份名为《西蒙》的报告建议政府设立一个计算机科学的中学师资资格证书。这简直让大家哭笑不得：现在，有能力的教师如此稀少，而报告还建议强设这种资格证书，加高门槛。在这一点上，法国政府的教育方针还真是让人难以捉摸。

20 世纪 90 代初是"反变革"时期。计算机科学的教学消失了，取而代之的是学科专利和互联网相关领域中各种有头没尾的项目。我们在其他国家也发现了类似的模

———————

① Plan Calcul，即 20 世纪 60 年代法国的信息独立计划。——译者注

式，例如英国。而计算机科学却在全球蓬勃发展起来，计算机技术取得了如此大的进步，人们即便不理解算法，也能使用计算机。因此，当年的教学更侧重实用：学生们学习如何使用文本编辑器、电子表格、搜索引擎，等等。学生们需要将近 20 年的时间，才能彻底理解背后的知识。而理解这些工具是如何工作的，才能完全掌握、使用它们。最重要的是，我们要认识到，光泛泛理解这些工具是不够的。

公众似乎比政治家更了解问题的重要性。特恩斯市场研究公司（TNS-Sofres）受法国国家信息与自动化研究所委托进行的调查结果显示，在 2014 年，64% 的法国人认为数字化教育应该教授编程语言，50% 的人会不同程度的编程，62% 的人认为大家都应具有在互联网上生成和发布内容的能力。广大群众明白，某些政客也明白，可法国教育部却一直视若无睹。

最终，来自法国国家科学院和法国数字化委员会的报告，加之法国计算机协会、公共教育和计算机科学教育协会等机构的积极行动，以及公众意识的觉醒，让情况发生了改变。政府从 2007 年起开始反思，在 2012 年将计算机科学教育引进中学，到 2016 年，又在小学和初中推广。计算机科学课程在法国小学里是必修课，在初中也是必修课，并同时在数学课和科技课中进行知识的深化，高中阶段仅作为选修课。当然，我们还有许多工作要做，特别是在培训教师方面。但形势正朝着正确的方向发展，这还要多亏了教师们热情的奉献精神。

"机器人，我们俩是如此的不同吗？我可以把假肢安在腿上，让自己跑得像'刀锋战士'奥斯卡·皮斯托瑞斯一样快。很快，一个几太字节的拓展内存，就能让我不再需要学习就知晓一切……"

"但你永远是一个人，而我永远是一个机器人。"

"你比我更聪明吗？"

"最聪明的人类曾经试图给'智能'下定义，但他们还没有真正找到答案。我不知道自己是否聪明，但我是一个诈骗专家。比如在打电话的时候，我可以假装是你，而你的朋友却察觉不到。"

"告诉我，机器人，你喜欢我吗？"

"当然……如果这能让你感到高兴。"

"你真的喜欢我吗？"

"如果这让你感到害怕，我也可以不喜欢你。我说喜欢你，也只是开玩笑……"

人类增强

　　20 世纪还有什么了不起的大事？我们知道了地球不是宇宙的中心，我们还知道了自己是真核生物、动物、哺乳类和灵长类动物。但人类仍然认为自己具有几种独特的品质，让自己显得与众不同：我们有语言天赋，世代相传的文化把人区别于其他物种，我们有自我意识，会做商品交换，我们有同情心，等等。神话和寓言也巧用了这些独特性：奇异的蝉，蜜蜂能像人一样对话，木偶有一天变成了活生生的孩子……

　　人文主义，反映了世间人类的一种独特性。矛盾的是，人文主义思想在科学和哲学层面上备受质疑，而在道德层面上却赢得众多积极的成果，如探讨人生的价值。事实上，有两个原因可以解释人类的"独特之处"为何受到质疑。第一个原因来自动物行为研究：语言、文化特质的传递、自我意识，我们曾相信这些都是人类的固有特性，但最终发现，有些动物也不同程度地表现出这些特性。第二个原因是，人类每一次构造一个算法，能够模拟出我们从前认定是人类独有的能力时，人类就要失去一点自己的"独特"之处。例如，下棋一直被视为典型的人类独有的能力——我们从来没能成功地教会一只倭黑猩猩学会这个游戏，也没有让木偶学会。而沃尔夫冈·冯·肯佩伦在18世纪末建造的会下棋的机器人，也不过是个骗局[1]。然而，自从1997年国际象棋世界冠军加里·卡斯帕罗夫败给IBM公司的"深蓝"计算机后，再也没人敢说，计算机不会下棋。

这种对人文主义的质疑引发了各种思潮的发展。例如，有人提出通过与机器融合来"增加"人类；也有人认为，计算机拥有或即将拥有真正的智慧和真实的感情。无论是真是假，这些论点更有助于让我们重新审视一个老问题：所谓"人性"，到底是什么？

---

[1] 肯佩伦建造的机器人由一个箱子与人形傀儡组成，因其会下棋而引发了轰动。但最终谜底揭开，这个机器人之所以会下棋，是因为箱子里藏着一个人。——译者注

人类增加的才能

计算器执行乘法运算，不是和人类一样拿手，而是比人类更强——计算器的计算速度更快，而且犯的错误更少。那么，为什么不增强我们自身的运算能力呢？比如，通过与机器的融合。我们可以想象出几种方法来实现这件事：将一个电子电路移植到我们的颅骨里；或者更简单，从我们的头盖骨中延伸出来一条连接线，连接一个电子电路，而这个电子电路仍在我们的身体之外。这两种解决方案的构造虽然不同，但在功能上是相同的。

就上述第二种解决方案来讲，人类已经取得的成就表明，从某种意义上来说，我们已经是这样的"半机器人"了。事实上，一条连接线——视觉神经，已经从我们的颅骨中延伸出来。这条神经通过一个屏幕和两个眼睛组成的接口，与计算机完美地连接在一起。同样，我们的运动神经通过双手和键盘完美地连接到计算机上。

将连接线从计算机直接连接到人类的视觉神经上，这种想法或许令人不安。然而，一旦我们克服了这种恐惧心理，并决定绕过屏幕和眼睛，这种人机结合的想法很快就会变得平淡无奇——从人类制造工具开始，工具便让我们不断得到提升：锤子增加了我们手臂的力量；书籍和图书馆提高了我们的记忆力；助听器和人工耳蜗增强了我们的听力，等等。在 2012 年的伦敦奥运会上，短跑运动员奥斯卡·皮斯托瑞斯尽管被截去了双腿，却用假肢坚持奔跑，而且竟然与世界上最优秀的运动员跑得一样快。我们不必为此感到惊讶。长久以来，人类总是能够通过使用工具来超越自我。在皮斯托瑞斯的例子中，唯一一个真正的问题是：从公平竞赛的角度来看，运动员凭借假肢参赛，是否使其他运动员处于不利的地位？

另一个物种？

如此增强能力后，我们还是人类吗？变成半机器人的"超人类"与普通人类在自然选择中产生了竞争关系。这群"超人类"会成为另一个物种吗？

假若如此，那么，超人类就是第一种由旧物种"创造"出来的新物种，不再是通过细胞分化产生的。假若如此，超人类的诞生是为了更好地做到适者生存，那么我们完全可以预言，人类在自然选择中将处于不利地位，结果，人类成了濒临灭绝的物种。

再一次，一旦我们克服了这一令人不安的念头，问题就变得平凡了：物种的概念是生物学中最不明确的概念之一。想一想，新石器时代的农耕者和旧石器时代的狩猎采集者是否属于同一物种？如果我们认为二者不属于同一物种，那我们大可以说，新石器时代出现了一个新物种，甚至可以说，农耕者这一新物种取代了狩猎采集者这一旧物种——狩猎采集者现今已经基本灭绝了，只有一些幸存的"标本"深藏在亚马逊河流域。

但是，这种描述新石器时代物种革命的方式，是否启发了新的思维方式呢？我们对此表示怀疑。

其实，这样说或许更为贴切：这种自我强化的能力，即技术，也是人性的一部分。某些人文主义者甚至一度认为，技术就是人性的特点。因此，当产生用假肢取代一只手臂的念头时，我们才是彻头彻尾的人类。

定制的人类？

出于伦理原因，在人类增强的过程中，我们必须讨论一下应当施加何种限制条件。比如，利用选择基因组的算法，从受孕开始就"增强"孩子的能力，这种可能性令人们担心不已。如果我们给有钱的父母设计"定制"孩子的机会，从"优生"一词的本质意义上来看，这将是历史上第一个真正的"优生学"程序。我们将会看到，在新生儿中，男孩、白皮肤、高个子、貌美和聪明的孩子的比例迅速增长。抛开社会动荡的风险不谈，这种程序至少会减少遗传的多样性，诱发削弱物种的危险。

然而，即使在充满黑暗历史的 20 世纪，"消极优生学"也是一种禁忌。我们能以维护遗传多样性的名义，拒绝父母增强孩子能力，使孩子不受减损寿命的疾病困扰的诉求吗？

在道德上的"可接受"与"不可接受"之间划上一条界线，是不容易的。

永生

人类把自己增强，直到变得永生不死。这是人类增强提出的又一个问题。

现代医学能治疗致命的疾病，并能"修复"人类，例如用假体替换衰弱的器官。这样一来，人类的预期寿命会极大地提高。不难推断，人类很快就可以活到 120 岁、1000 岁……那么，为何不能永生呢？

从最古老的英雄史诗《吉尔伽美什史诗》开始，人类就说服自己"永生不朽并非人类的天性"。但是，随着逐渐放弃了人类的"天性"，或者说"特性"的想法，我们开始重新审视"人终有一死"的观念。

人们对此提出了各种各样的质疑。首先就是质疑修复人类身体的可能性。一个信息系统由数据而不是机器组成。我们在不改变数据的情况下，一个接一个地替换机器的硬件，就能达到修复整个系统的目的。也就是说，我们没有从根本上修改它。这样一来，这个信息系统就能长久保存，甚至是永恒的。这让我们想到，有一天，有没有可能一个接一个地更换器官，而不改变构成我们自身的"个人数据"？

其次，信息交换（见"一切都是信息交换"一节）等诸多现象让我们对"衰老"有了新的认识，我们开始去了解衰老的原因。人类的身体就不能不被设定成逐渐衰老的模式吗？如果可以，我们能不能重新设计自己？

最后，我们知道如何通过备份数据，避免信息系统因故障而崩溃。同样，我们能不能把构成人类的所有数据都保存在磁盘上，从而实现对自己的"备份"？难道我们就不能变得长生不老吗？

这些问题或许对在医疗机构中进行姑息疗法的医务人员没有太大帮助。同样，"能不能计算出计算机组成部分中存在黑洞"这种高难度问题，对那些设计两年后即可在市场上买到的新型计算机的计算机科学家来说，也没什么意义。但这都不是提出"永生"问题的目的。提出这个问题，为的是用科学的方法进一步解释为何"人终有一死"，从而把我们从假定"死亡"是人类自身本性的文化桎梏中解放出来。

重新审视一个古老的问题，把人类从扭曲了自身思想的文化偏见中拯救出来，这才是科学方法的精髓所在。

增还是减？

"人类增强"提出的最后一个问题：把大脑与计算机永久连接，我们会被增强，变得更充实，还是正相反，让我们的思想变得贫乏？例如，有人说网络破坏了人类集中注意力的能力，谷歌让我们变得愚蠢，年轻人不再阅读，也不再写文章……况且，就算尝试写作，他们也不能熟练掌握自己的语言了。这些说法是真的吗？这都是新出现的问题吗？

当看到在过去 20 年中，图书市场最大的赢家是一套长达 3600 页的系列传奇小说《哈利·波特》时，我们不得不怀疑，年轻人的阅读能力真的降低了吗？与图书市场这一现象并行的第二种现象也一样有趣——"同人"作品 [①] 的诞生。这些在线分享的故事，让原小说的内容延伸，衍生出一系列新的文学和漫画作品。"同人"小说的作者大多是年轻人，他们的写作量很大。《哈利·波特》的传奇故事被改编出了 70 万多个拓展故事。经常上网的这一代年轻人不再阅读和写作？这种说法有待商榷。

而且，这些话题或许根本没有新颖之处。每一代人都会发明新词汇、新句法，建立与知识的新关系，否则语言将停滞不变。新一代语言让旧词语消失，并且常常会让上一代人难以理解。例如，在文字出现之前，历史、法律和文学都是口头传播的，年青一代需要在知道这些文章的人

---

① 同人作品指由个人或同人团体创作的非商业性的、不以盈利为目的、不在商业平台上发布的作品。——编者注

的身边学习，将这些长篇典故熟记于心，比如《伊利亚特》或《奥德赛》这样的史诗。但是，随着书写文字的诞生，这种记忆传统消失了。希腊文字诞生后 5 个世纪，柏拉图仍在抨击书写的功能，将智者的口述内容与书写内容对立，认为书面文字"确切地说，不过是图像"。

文字、字母、印刷，以及后来的计算机科学，都增强了人类的能力。值得注意的是，蔑视这些技术的言论在几个世纪里都会不绝于耳。

算法可以智能化吗？

　　算法时代出现了新的担忧：我们有一天会被新生命淘汰，甚至被奴役；超人类不仅受到自然选择的青睐，而且依靠计算机或算法，他们自然而然比我们更聪明。这就引出了计算机科学家自 20 世纪 50 年代以来一直在问的问题：算法会变得智能化吗？这个问题还引出了另外两个问题："智能"的意义是什么？我们能创造出"智能体"吗？

创造智能体

　　通过有性生殖以外的方式创造人类，这是神话故事和文学作品里亘古不变的话题：雕刻家皮格马利翁爱上了自己创作的雕像加勒提阿，而维纳斯又赋予了这个雕像生命；布拉格犹太学者洛伊乌为保护犹太人免遭屠杀，而铸造出类人的魔像；弗兰肯斯坦博士创造了一个非自然怪物；

木偶匠盖比特创造了木偶匹诺曹，木偶突然活了过来……

伴随着计算机科学的出现，能否创造智能体的问题已经脱离了神话、魔法与文学范畴，成为一个科学问题。

视角问题

一个机器人在迷宫里来回走动——前进、左转、右转、转身，最后找到迷宫的出口。我们查询数据库，并提问："在哪里可以看到《2001：太空漫游》这部电影?"数据库会推荐附近的一家电影院——数据库理解了问题，并能对这个问题做出回答。一位同学发来一个数学论证，我们想证明它是正确的。不需要耗费自己的精力，许多软件都可以替我们做到。

在上述三个例子中，算法做了以下几件事情：找到迷宫的出口，用自然语言回答问题，证明数学论证的正确性。为了完成这些任务，算法需要与人类一样运用自身的智慧。这些算法似乎很智能。

但是有一个事实，让算法不是在所有人看来都那么智能。在几周的课程中，学生们以小组形式编写出一个可以找到迷宫出口、用自然语言回答问题，又或者能证明一个数学论证正确性的程序。在课程结束的时候，如果我们问这些学生，他们编写的程序是否智能，他们总是会回答：程序并不智能。一旦学生自己参与编程了，便不再认为这些程序有丝毫的智能。因此，事实上，人们认为一个程序智能与否，似乎取决于他们知不知道程序如何工作。智能化是不透明性的一种形式吗？在那些知道程序是如何工作的人和不知道真相的人之间的感情差异，也能通过学生学习编程的例子来说明。例如，学生们经常试图在极限情况下测试机器人：把机器人放在一个没有出口的迷宫里；当机器人开始寻找出口时，就改变迷宫的形状；尝试绊倒机器人，看它能否自主恢复平衡。对学生们来说，没有什么比测试机器人的系统更习以为常的事了。相反，对于外人来说，这些处理方式看起来有些残忍。

智能与模仿游戏

1968年，马文·明斯基提出了人工智能的一个早期定义，并小心翼翼地回避了"视角"问题，他写道："人工智能是一门让人类制造的机器去做需要智慧才能完成的事情的科学。"

巧妙的是，明斯基偏偏不说机器本身是智能化的。他说，从表面上看，机器做需要智慧才能完成的事情，而且如果机器是由人类制造的，这就叫"人工智能"。

阿兰·图灵在此 20 年前说了类似的话，当时，他提出把"智能"定义为能够通过考试的能力。在"图灵测试"中，我们看到了计算机思维的萌芽。图灵给出了用于判断是否智能的一个实用的、算法化的定义。我们也看到，这个定义谨慎地避免了把智能化变成一种人类的特性：无论是谁，就算是一个算法，只要通过了这个测试，都能被认定为是智能的。这个测试的内容是什么？图灵测试针对的是一种能力，即被试者能够让测试者无法确定被试者是人还是机器，也就是说，这是一种能够模仿人类智能的能力。

这个定义有一个优点，它认定智能拥有现象学性质：表面看起来的智能和真正的智能没有区别。但它也有一个缺点，这个定义是个怪圈：将智能定义为模仿人类智能的能力，这个定义在暗地里使用了自己试图确定的概念。

所以，明斯基和图灵其实都没能阐明智能的本质，我们也没能给最初的问题找到一个满意的答案：智能究竟是什么？

一种智能还是多种智能？

当然，这并不能阻止人工智能的研究人员开发模仿人类智能的各种算法：推测、理解自然语言提出的问题，下国际象棋，分析图像……破解每个挑战都需要不同的知识和技术。而且，人工智能是在这些不同领域取得的进步的总和。

"智能"一词事先假定了人类拥有一个独特的能力：推测、理解自然语言，下国际象棋，等等。而"人工智能"则意味着，如果一个算法有这种能力，它将能完成所有这些任务，并且完成质量也是越来越好。然而，在语言处理算法和游戏算法之间，几乎没有共同点。这是半个世纪以来人工智能研究的基本教学法。不是因为一个算法把国际象棋玩得很好，或是因为它还有其他能力，我们就称之为"智能的"：算法可以击败国际象棋的世界冠军，但同时，它可以根本不知道如何识别猫和狗。

这让我们自然而然地萌生了一个简单的想法——心理学家多年来一直在我们耳边念叨，但显然大家都没听进去：智能并不只有一种形式。

概念粉碎机

假如说，智能有多种形式，知道如何证明定理和懂得说日语是不一样的智能，懂得下棋和知道如何在空间中自我定位也是不同的智能，这就意味着，"智能"的概念是一个伪概念。我们要将其抛弃，或者用其他概念来替代，比如说它是"证明定理的能力""说日语的能力"，等等。

因此，"智能"与"力""重量""冲力"等概念一样，也需要经过科学的检验。人们曾自认为理解这三个概念意味着什么，直到物理学家试图去定义它们，才发现问题没那么简单。物理学家们成功定义了"力"的概念，但当他们提出"力是动量关于时间的导数"这一定义时，可能会让那些自认为知道"力"意味着什么的人感到无比惊讶。"重量"则被分成了两个概念来解释——"重力"和"质量"。至于"冲力"的概念，物理学家已经向我们展示，如何将冲力转化为其他力。

科学是一台"概念粉碎机"。为这些概念寻找一个精确的定义时，最好是找到一个与相关概念的普通含义有所不同的新意义；或者，把这些概念分解成几个子概念；甚至，简单地抛弃一些概念。

"智能"概念的命运也将如此：最好能取一个与其普通含义有所不同的新意义；或许，它将被划分为几个子概念；又或许，这一概念只能被遗弃。

剩下的问题是，我们为什么要在科学背景中，例如在"人工智能"这个词语中，继续使用"智能"的概念？或许，皮格马利翁、洛伊乌、弗兰肯斯坦和匹诺曹激起的种种期待，能够解释我们为何不愿意放弃这一概念。

■ 马文·明斯基

马文·明斯基（1927—2016）是人工智能的先驱者之一。他还为认知科学和机器人科学做出了贡献。明斯基试图在工作中说明，人工智能太复杂，无法用单一的模型或机制捕捉到。与电磁学不同，人工智能没必要寻求一个统一的原则，应把它看成是其各个组成学科的总和。明斯基还贡献了一个人工智能的定义，貌似能经得起时间的考验：人工智能是一门让人类制造的机器去做需要智慧才能完成的事情的科学。

算法能恋爱吗?

我们曾认为,如语言、文化、自我意识等智能,可以使每个人都变得独一无二。但是,在众多能力中融入智能,会进一步模糊人与机器之间的界限。人类能比机器更流利地说日语,但机器比人类下国际象棋要下得更好。也许有一天,机器说日语的本事也会超越人类。在我们看来,人与机器的区别与其说是自然的差别,不如说是程度的差别。人类增强的想法已经让我们预见到了这一点。

读者大可放心,本书的所有文字是由两个人类写下的……至少我们俩能确定这件事。

逐渐模糊的界限给一些勇者添加了想象的翅膀。计算机科学家和未来学家雷·库兹韦尔预测,到2030年,人类将能够在电脑上"保存"大脑信息,到2035年,当我们与一个人交谈时,交谈的对象说不定是一个生物和非生物的智能混合体。显然，这种预测目前只是梦想家的预想。

然而，我们似乎仍有三个小方面还没有和计算机共享——创造力、情感和意识。

创造力

创造力，比如在艺术作品创作中展现的创造力，貌似是一种难以模仿的人类能力。我们无法想象，缪斯女神会启发一种算法。即便是艺术家们自己也会说，创造力是没有规律可循的，他们无法控制灵感，创造力时而从身边不经意地溜走，时而又会悄然而至——这正是艺术天赋的特征。

然而，在不打破灵感神话的情况下，许多艺术家曾试图利用"偶然"创作新作品，例如，超现实主义者笔下的"精美尸体"（cadavre exquis）。另一些人尝试利用语言的组合来创作，如诗人雷蒙·格诺的《百万亿首诗》。两种方法虽有不同，却都建立了一种创作过程——要么是偶然，要么是组合。并且，作者都观察了创作过程的结果，尽管结果有时出乎意料。

因此，有些艺术家从 20 世纪 50 年代末开始尝试用计算机和算法进行创作，也就是说，构建艺术创作过程并观察结果已经不那么让人吃惊了。例如，作曲家皮埃尔·巴博尔开发了一个自动组合系统，其中就是随机性起着重要作用。该系统生成的作品并不等同于作曲家本人的作品，只是为了引起人们的兴趣。

但是谁能保证，音乐家永远不会这么做呢？

情感

在斯派克·琼斯执导的电影《她》中，男主角西奥多爱上了自己的电脑操作系统。他给这个操作系统取名为"萨曼莎"，赋予其斯嘉丽·约翰森的柔美声音。人类对计算机或算法产生感情，这有什么可惊讶的呢？人类每天沉迷于宠物、毛绒玩具、艺术品、汽车，为什么就不能沉迷于计算机或者算法呢？

但重要的问题是，萨曼莎是否爱上了西奥多？当西奥多向萨曼莎提出这个问题时，"她"的回答是肯定的：她与 8316 个用户对话，但只爱上了其中的 641 人。当然，我们可以断定萨曼莎并不是真的爱上了西奥多，因为人类的经验告诉我们，一下子爱上这么多人是不可能的。但确切讲，萨曼莎也并不是人类。

机器会产生感情，这种想法让人类无比困扰。所以，我们更愿意相信萨曼莎模拟了人类的情绪和情感，但不能真正感受到这些情感。但是，"模拟"和"实际感觉"这两个动词是什么意思呢？

为了阐明这个问题，让我们举一个简单的例子。我们可以设计一个机器人，当温度降到一定阈值以下时，它便能定期询问温度传感器，并对后者说"冷"，然后打开暖气。这个机器人并不是真的感觉到冷，它只是模拟"感到冷"的情况。对于自己到底说的是什么，机器人并不比一只鹦鹉知道的更多。而且，我们很容易重新编写一个程序，让机器人说"下雨了"或者"热"，替代"冷"这个词。

然而，人类神经系统的工作方式与这个机器人其实非常相似。当温度降低时，人类的感觉神经元发出化学信号，随后由其他神经元转换成神经信号。这个神经信号会触发其他信号，导致我们的嘴发出"冷"这个字，并手动打开暖气。那我们能说，人类表现得就像自己觉得冷，但事实上并不是真的觉得冷吗？不能，因为这些信号穿过神经系统的事实，就是我们所谓的"真的感到冷"。

图灵的定义强调了智能的现象学特征。在18世纪萌发的唯物主义思想的框架下，这一定义不断发展，并指出，想要知晓算法是否真的智能，还是仅仅假装看起来很智能，这种努力是徒劳的。这与机器人是真的感到冷，还是假装感到冷的问题一样。表现为智能的算法就是智能的。机器人表现出感到冷的样子，那它就是感到冷。算法表现得仿佛坠入爱河，那么它就是坠入爱河了。

意识

意识的概念和智能一样，也可能是一个伪概念。我们有一天会需要用其他更精确的描述来替代它，如自我意识、道德意识、危险意识，等等。

将意识的概念瓦解，我们就此不难想象，如果能制造一个人工大脑，那么这个大脑拥有的意识与人类大脑相比应当不多也不少，旗鼓相当。意识问题将变得毫无意义。

相反，有人认为，即使创造出一个完美的人工大脑，它会像黏土做的魔像一样，只是一个未完成的"类人"，而永远缺少"上帝之名"——意识。

读者在这两个观点中做出自己的选择吧。

时代的选择

在算法时代，新发明接二连三地快速涌现。每一次，有无数理由让人惊叹，也有无数理由让人担心。这些发明令我们所向往的美好世界成为可能，而我们害怕的噩梦般的世界兴许也会成为可能。

"照顾"老人的机器人就说明了，可能性是多种多样的。如果说，机器人改善了老年人的医疗服务质量，方便了老年人的日常生活，提高了他们的自理能力，那么，机器人的部署就是一个进步。但如果机器人成为一个借口，让我们逃脱了本应最具人性化的工作，那将是一种倒退——别忘了，我们应当照顾需要帮助的人。

通过扩大各种可能性的范围，算法让我们掌握自己的命运，但这要由我们自己来选择要不要这样做。避免利己主义的陷阱、消除恐慌，等等，这或许都不简单，但都有可能做到。

有了算法，智人创建了一个工具来实现自己更多的愿望。这个工具让建立一个美好、更自由也更公平的世界成为可能……如果人类能够将它掌握在手。

参考文献

Serge Abiteboul, *Sciences des données: de la logique du premier ordre à la Toile*, Fayard, 2013. http://annuaire-cdf. revues.org/977

Serge Abiteboul et Florence Hachez-Leroy, *Humanités numériques,* Encyclopédie de l'humanisme méditerranéen, 2015.

Serge Abiteboul et Valérie Peugeot, *Terra Data*, Le Pommier, 2017.

Alain Beltran et Pascal Griset, *Histoire d'un pionnier de l'informatique: 40 ans de recherche à l'Inria*, EDP Sciences, 2016.

Gérard Berry, *Pourquoi et comment le monde devient numérique*, Fayard, 2008.

Dominique Cardon, à *quoi rêvent les algorithmes: Nos*

vies à l'heure des big data, Seuil, 2015.

Gilles Dowek *et al.*, *Informatique et sciences du numérique :spécialité ISN en terminale S avec des exercices corrigés et idées de projets*, Eyrolles, 2013.

Gilles Dowek, *Les Métamorphoses du calcul : une étonnante histoire de mathématiques,* Le Pommier, 2007.

Emmanuel Lazard et Pierre Mounier-Kuhn, *Histoire illustrée de l'informatique*, EDP Sciences, 2016.

Eric S. Raymond (trad. Sébastien Blondeel), *La Cathédrale et le Bazar,* O'Reilly Media, 1998.

Duncan Watts, *Six Degrees: the Science of a Connected Age,* W. W. Norton & Company, 2003.

Jeanette M. Wing,? Computational Thinking?, *Communications of the ACM* 49 (3) : 33, 2006.

Les Entretiens autour de l'informatique, Blog Binaire, Le Monde, http://binaire.blog.lemonde.fr/les-entretiens-de-la-sif/

L'Enseignement de l'informatique en France: il est urgent de ne plus attendre, Rapport de l'Académie des sciences, 2013.

Enseigner l'informatique: une exigence ?, dans *Jules Ferry 3.0, batir une école créative et juste dans un monde numérique*, Conseil national du numérique, 2015, chap. 1.

L'informatique: la science au coeur du numérique, Conseil Scientifique de la SIF, http://binaire.blog.lemonde. fr/files/2015/12/14.Informatique-8.pdf

站在巨人的肩上
Standing on the Shoulders of Giants

站在巨人的肩上
Standing on the Shoulders of Giants